iMovie入門
アイムービー

短時間でできるサクサク動画編集

for iPhone & iPad & Mac

藤川佑介

動画クリエイター・講師

マイナビ

iMovie入門 短時間でできるサクサク動画編集 for iPhone&iPad&Mac

本書の使い方・読み方

まずは、本書の上手な使い方・読み方を紹介していきましょう。
本書では、直感的にiMovieの操作ができるような構成になっています。
操作手順に従っていくだけで、素早く・かんたんにビデオが作成できます。

ページタイトル

各ページは目的別に構成されているので、やりたいこと・知りたいことをかんたんに探せます。

左ページツメ

各Chapterのタイトルが入っています。

操作手順

操作の手順を番号付きで紹介しています。番号にしたがって操作をしていけば、素早く・かんたんに操作の仕方がわかります。

Chapter 1 iPhoneで映像を作成しよう

［プロジェクトの作成］

Chapter 1 プロジェクトを作成しよう

iPhoneで撮影したビデオなどを素材にして、iMovieで映像の編集を始めてみましょう。
まずはiMovieの起動の仕方やプロジェクト作成について学んでいきます。

▼ iMovieの起動とプロジェクト

1 iMovieの起動

iMovieを使用するには、iPhoneの画面からiMovieのアイコンを押すと、iMovieが起動します。画面にiMovieのアイコンがない場合は、画面を左右へスライドしてみましょう。

❶ [iMovie] のアイコンを押す

❷ iMovieがない場合は左右へスライド

2 新規プロジェクトの作成

iMovieが起動してプロジェクト画面が表示されます。[＋] を押して新規のプロジェクトを作成し、ムービー・予告編のどちらで編集するかを選択します。まずは [ムービー] を選択して自分で映像を編集してみましょう。

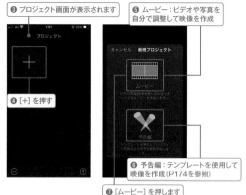

❸ プロジェクト画面が表示されます

❹ [＋] を押す

❺ ムービー：ビデオや写真を自分で調整して映像を作成

❻ 予告編：テンプレートを使用して映像を作成（P1/4を参照）

❼ [ムービー] を押します

024

その1 最初からすべてのページを順番に読んで完全マスター

本書は、基本的に見開き2～4ページ程度で完結する各ページで構成されています。各ページを最初から順番に読み進んでいけば、無理なくスムーズに操作をマスターできます。

その2 やりたいこと・知りたいことだけを読んで効率的にマスター

本書の各ページは目的別に構成されています。自分のやりたいことや知りたいことだけを探して読んでいけば、効率的に操作がマスターできます。

---

③ 映像素材の選択

編集するモードを選択したら、編集で使用するビデオや写真素材を選択します。画面に今までに撮影したビデオや写真の一覧が表示されるので、ビデオを選択して［ムービーを作成］を押します。

ポイント
iPhoneで撮影した素材
iPhoneで撮影したビデオや写真素材はモーメントの一覧に表示されます。また、素材は複数選択することができます。

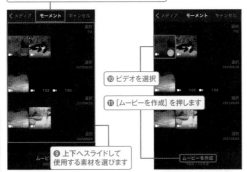

❽ モーメント（ビデオや写真）の一覧が表示されます

❾ 上下へスライドして使用する素材を選びます

❿ ビデオを選択

⓫ ［ムービーを作成］を押します

Chapter 1
プロジェクトを作成しよう

右ページツメ
各ページのテーマが入っています。

④ プロジェクトの画面

ムービー編集モードでプロジェクトが作成され、選択したビデオが編集画面に配置されます。このように使用する素材を読み込んで映像を編集していきます。

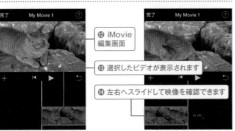

⓬ iMovie編集画面

⓭ 選択したビデオが表示されます

⓮ 左右へスライドして映像を確認できます

ポイント 素材が読み込めない場合

［ムービーを作成］を押した時に［インターネット未接続］が表示され、素材が読み込めない場合は、iMovieの［モバイルデータ通信を］をオンにすると読み込めます。

❶ ［インターネット未接続］が表示される

❷ ［設定］を押す

❸ ［iMovie］を選択

❹ ［モバイルデータ通信］をオン

ポイント
一歩進んだ使い方や役立つ情報などを紹介しています。操作手順と併せて読むことで、より幅広い知識が身に付きます。

025

iMovie入門
アイムービー

短時間でできるサクサク動画編集
for iPhone&iPad&Mac

Contents

Chapter 1 iPhoneで映像を作成しよう

Chapter 5 プライベート用の映像を作成してみよう

Q&A iMovieの編集で困った時の対応方法

Appendix

ビデオ編集って何だろう？

iPhoneなどで撮影したビデオを編集することで、どんなメリットがあるのでしょうか。まずは
ビデオ編集について把握しておきましょう。

▼ ビデオ編集とは

旅行やイベントなどで、その様子をビデオ撮影することがあるかと思います。ビデオ編集とはそれら複数のビデオを繋げたり、タイトルなどを表示したり、カラーを調整することで1本の映像にまとめることを言います。

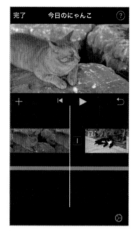

「iMovie」ソフト
iPhoneアプリ版

「iMovie」ソフト Macアプリ版

▼ ビデオ編集のメリット

企画や目的にあった映像を作成するため、ストーリーを考えてビデオ編集を行うことで、多くの映像シーンや文字の情報を一本の映像にまとめ、視聴者に伝えたい内容をよりわかりやすく伝えることができます。

「イベント広告」用の映像編集

▼ ビデオ編集の機材

昔は映画やテレビ向けのビデオを撮影するために高額なカメラ機材が使用されていましたが、最近ではiPhone一台でビデオの撮影から編集まで行えるようになりました。最新のiPhoneでは複数のレンズが搭載されており、シーンに合わせた撮影ができるようになっています。

カメラ

MacBook

iPhoneやiPad

▼ ビデオ編集のアプリ・ソフトウェア

ビデオ編集用のアプリやソフトウェアは色々なものがありますが、本書で紹介している「iMovie」はiPhone、iPad、Macに最初からインストールされており、無料ですぐにビデオの編集を行うことができます。作成した映像はYouTubeなどのSNSにそのまま共有（アップロード）することも可能です。

ソフトの種類	iMovie	Final Cut Pro	Premiere Rush	Premiere Pro	After Effects
価格	無料	有料	有料	有料	有料
環境	Mac iPhone iPad	Mac	PC モバイル	PC	PC
対象	初心者	中級者	初心者〜中級者	中級〜上級者	中級〜上級者
機能	スマートフォンやビデオで撮影した動画を、簡単に編集可能	カメラやビデオで撮影した映像を編集することができ、エフェクトなども搭載されている	スマートフォンで撮影した動画を、モバイルで簡単に編集可能	動画編集をおこなうための、様々な機能が搭載されており、高度な編集が可能	多くのエフェクトを搭載し、アニメーションやCGのような映像を作成することが可能

映像ソフトの種類と概要

iMovieならこんな映像が作成できる

iMovieでは撮影したビデオや写真、イラストなどを読み込み、用途に合わせて様々な映像を編集することができます。

▼ お店の紹介映像の作成

店舗の外見・内装・メニューやイメージなどのビデオを使用して、集客を増やすための店舗紹介映像などが作成できます。

店舗の紹介：美容室 AW
https://www.aw-salon.com

▼ 会社の事業・製品紹介

会社や製品のロゴや図などの素材を使用し、解説したい内容をテロップに追加することで、より分かりやすく事業や製品の詳細を伝えることができます。

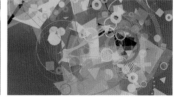

会社の事業紹介：CASIO Music Tapestry
https://www.instagram.com/casio_music_tapestry/

▼ 画像素材を利用した広告

Webサイト、SNS、広告などの素材を利用して、タイトルや画像をアニメーションさせることで、より目立つように内容を伝えることが可能です。

画像素材を利用した広告：新島工業所
https://www.instagram.com/niijima_kogyosho/

**広告画像を元に
映像を作成**

▼ セミナー・チュートリアルの動画

セミナーなどを撮影したビデオに資料などの画像を読み込んで、長編のセミナーやチュートリアル映像も編集することができます。

セミナー・チュートリアル：tagboat（徳光健治）
http://www.tagboat.com

iMovieでできること

ビデオ編集にiMovieを使用することで、どのような編集ができるようになるのでしょうか。ここではiMovieでできることについて解説していきます。

▼ iMovieの種類

iMovieにはiPhone・iPadのアプリ版とMac版があります。どちらも無料で使用でき、複数のビデオを繋いだり、タイトルやテロップを追加したりすることができます。iPhoneのアプリ版とMac版で機能やテンプレート数などが若干異なります。

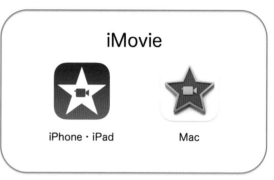

iMovie (iPhone・iPad版、Mac版)

▼ iMovieのビデオ編集

iMovieではムービー（イチから独自に編集）と予告編（テンプレートを使用した編集）という2種類の編集モードがあります。iPhone版、Mac版のどちらもiMovieを起動してから選択するようになっています。

iPhoneの編集モード選択

Macの編集モード選択

iMovie機能一覧

iMovieでは多くの機能やテンプレートが使用でき、iPhone・iPadアプリ版とMacアプリ版で使用できる機能や数が異なります。どのような機能があるか覚えておきましょう。

▼ iMovie機能一覧

iMovieの主な機能をiPhone・iPadアプリ版、Macアプリ版で比較した表です。Mac版の方がテンプレート数やエフェクト数が多くなっています。

iMovie 機能	iPhone・iPad版	Mac版
予告編の種類	14	29
テーマの種類	7	14
タイトルの種類	12	54
フォントの追加	×	○
カラーフィルタの種類	13	34
カラーの自動調整	×	○
トランジションの種類	11	24
音楽の追加	○	○
ビデオの速度調整	2倍 1/8x	20倍 10%
背景のサンプル素材	24	20
ムービーの書き出しサイズ	360p、540p、720p 1080p、4K	540p、720p 1080p、4K

ビデオ編集の流れを知ろう

iMovieではiPhoneやカメラで撮影したビデオや写真をiMovieに読み込むことで、映像の編集を行うことができます。

▼ ムービー or 予告編の選択

iMovieで編集を行う場合、ムービーと予告編の2種類の編集モードがあります。それぞれの特徴を理解して編集作業を行いましょう。

ムービー
イチから編集

・ビジネス用に映像を編集したい
・独自の映像を作成したい
・長編の映像を編集したい
・テーマに作成したい内容がある

予告編
テンプレートで編集

・プライベート用に映像を編集したい
・予告編に作成したい内容がある
・短時間で映像を作成したい
・企画・構成がまとまらない

ムービー・予告編の選択

▼ ビデオのカット・連結

撮影したビデオの使用しない部分をカットし、複数のビデオや画像を連結して一本の映像として編集することができます（P31、P58を参照）。

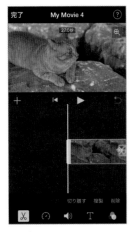

ビデオ編集画面
iPhone版

ビデオ編集画面 Mac版

▼ ビデオのカラー調整

撮影したビデオの色合いをフィルタを選んで簡単に補正することができます。夕日を綺麗に見せたり、映画のような質感に変更したりすることが可能です（P88を参照）。

フィルタ適用前　　　フィルタ適用後

▼ タイトル・テロップの追加

1 タイトルの表示

映像の最初にタイトルを表示することによって、どんな内容の映像なのか分かりやすくなります。また、テキストのアニメーションなどもタイトルの一覧から簡単に追加することができます（P36、P66、P84を参照）。

タイトルの表示

タイトルの追加
iPhone版

2 テロップの表示

映像にテロップを追加することによって、そのシーンで伝えたいポイントや出演者が話している内容などを文字情報として表示することができます。

テロップの表示

テロップの追加
Mac版

▼ オーディオの追加・トランジション

1 オーディオの設定

iMovieには音楽や効果音の素材も用意されており、映像に音楽を取り込むことができます（P44、P72を参照）。
音楽のフェードイン・アウトなども設定することが可能です（P96を参照）。

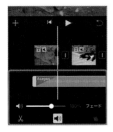

オーディオの設定
iPhone版

音楽の素材 Mac版

2 トランジションの設定

トランジションとは、ビデオや写真が切り替わる際のエフェクト（効果）で、写真やイラスト素材のみ場合でもト
ランジションを使用することで、動きのある映像を作成することができます（P92を参照）。

トランジションの設定
iPhone版

トランジション一覧 Mac版

▼ 映像を共有しよう

編集が完了したら作成した映像を目的に合わせて共有しま
しょう。iMovieでは編集した映像をYouTubeにアップロー
ドしたり、iPhone、Macに保存したりすることができます
（P46、P74を参照）。

映像の共有

テンプレートで手軽に作れる

SNSなどにプライベート用の映像を作成して投稿する場合は、テンプレート使用することで映像編集の知識がなくても簡単にエフェクトなどを加えた映像が作成できます。

▼ テンプレートの使用

iMovieでは、「予告編」や「テーマ」というビデオ編集を行うためのテンプレートが用意されているので、ビデオ編集の経験がない初心者でも簡単に映像を作成することが可能です。作成したい映像の内容やジャンルに合わせて複数のテンプレートが用意されています。

予告編一覧

1 予告編

映画の予告編のような映像を作成することができます。細かい映像のカット割りもテンプレートに設定されているので、ビデオや画像などの素材を読み込むだけでテンポのよい映像が作成可能です（P174を参照）。

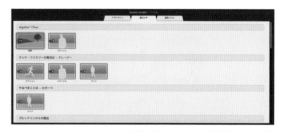

予告編 絵コンテ画面 Mac版

2 テーマ

編集中のビデオに一覧からテーマを適用するだけで、映像をそのテーマに合ったテイストに簡単に変更することができます（P100を参照）。

ニュース風のテーマ

企画・撮影から編集までの進め方

iMovieの機能について紹介しましたが、実際にビデオの編集をどのように進めていけばよいのでしょうか。ここではビデオの編集の進め方について解説していきます。なお、撮影についての詳しい解説は巻末のAppendixを参照してください。

▼ ビデオ編集の流れ

まずはどのような映像を作成するか企画・構成を考え、内容に合うビデオ・写真を撮影しましょう。素材が準備できたらiMovie (iPhone、Mac) で編集を行い、出来上がった映像を共有 (保存) します。

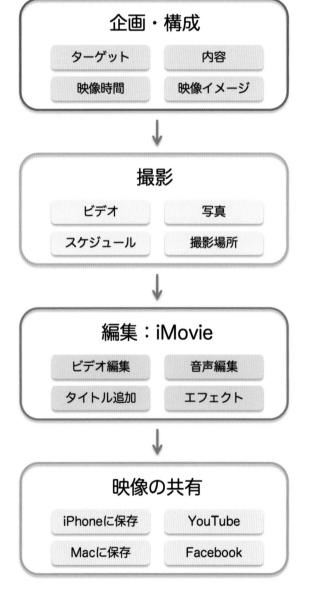

企画・構成
- ターゲット
- 内容
- 映像時間
- 映像イメージ

↓

撮影
- ビデオ
- 写真
- スケジュール
- 撮影場所

↓

編集：iMovie
- ビデオ編集
- 音声編集
- タイトル追加
- エフェクト

↓

映像の共有
- iPhoneに保存
- YouTube
- Macに保存
- Facebook

▶ 映像の企画・構成を考える

どのような目的でどんな内容の映像を作成したいのか、編集する映像のイメージを事前にまとめておくことが大切です。YouTubeやテレビなどをチェックして、自分が作成したい映像に近いものを見つけておくと、映像の企画・構成がまとめやすくなります。

映像の目的

映像の内容

▶ 企画・構成が決まらない場合

初めての映像制作では、企画・構成などが決まらないことも多いかと思います。そのような場合は、予告編（P174を参照）のテンプレートを使用して、絵コンテの機能で映像の構成について学習してみましょう。

[予告編]のテンプレートの種類

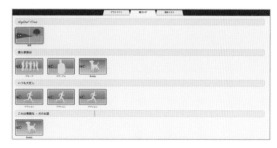

テンプレートの絵コンテ（映像構成）

予告編テンプレートで編集

プライベート用にペット、旅行など作成したい内容が予告編のテンプレートにある場合は、そちらを使用して映像を作成すると便利です。

▼ 撮影をする？ しない？

ビデオ編集を始めるには素材となるビデオや写真が必要になります。作成したい映像の目的や内容を踏まえて、ビデオや写真を撮影する必要があるかを考えてみましょう（撮影する場合はP232を参照）。

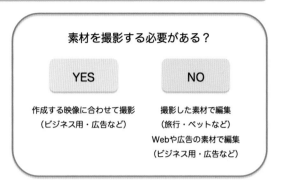

素材を撮影する必要がある？

YES
作成する映像に合わせて撮影
（ビジネス用・広告など）

NO
撮影した素材で編集
（旅行・ペットなど）
Webや広告の素材で編集
（ビジネス用・広告など）

▼ 絵コンテを作成

ビジネス用の広告映像を作成する場合は、事前に企画・構成を絵コンテにしてまとめておくと全体の作業がスムーズに進みます。絵コンテとは映画、アニメ、CMなどの映像の制作前に用意されるイラストによる表になります。

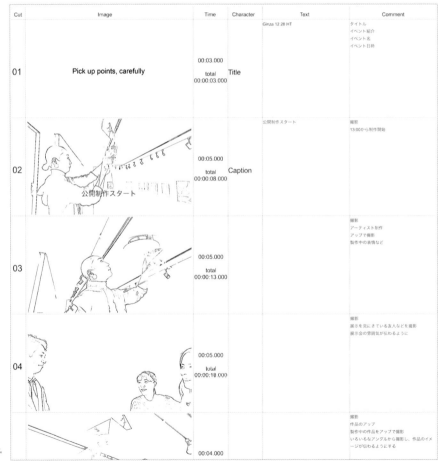

Cut	Image	Time	Character	Text	Comment
01	Pick up points, carefully	00:03.000 total 00:00:03.000	Title	Ginza 12 28 HT	タイトル イベント紹介 イベント名 イベント日時
02	公開制作スタート	00:05.000 total 00:00:08.000	Caption	公開制作 スタート	撮影 13:00から制作開始
03		00:05.000 total 00:00:13.000			撮影 アーティスト制作 アップで撮影 制作中の表情など
04		00:05.000 total 00:00:18.000			撮影 展示を見にきている友人などを撮影 展示会の雰囲気が伝わるように
		00:04.000			撮影 作品のアップ 制作中の作品をアップで撮影 いろいろなアングルから撮影し、作品のイメージが伝わるようにする

絵コンテ

絵コンテの内容

絵コンテでは、各カットの番号、イメージ、時間、タイトルやテロップなどのテキスト情報や撮影の際に必要な内容（撮影の日時・場所、登場人物、撮影の有・無）を上から記載していき、どのような映像を作成するのかをまとめます。

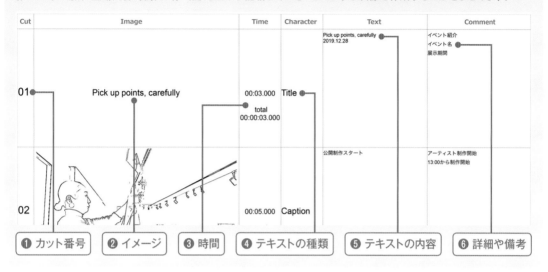

Cut	Image	Time	Character	Text	Comment
01	Pick up points, carefully	00:03.000 total 00:00:03.000	Title	Pick up points, carefully 2019.12.28	イベント紹介 イベント名 展示期間
02		00:05.000	Caption	公開制作スタート	アーティスト制作開始 13:00から制作開始

❶ カット番号 ❷ イメージ ❸ 時間 ❹ テキストの種類 ❺ テキストの内容 ❻ 詳細や備考

撮影したデータを使うには？

iPhoneで撮影したビデオをiPhoneのiMovieで編集する場合はそのまま使用可能です（P24を参照）。カメラなどの機材で撮影したビデオデータは、SDカードからMacに読み込み編集することができます（P50を参照）。また、iPhoneで撮影したデータをiCloudやAirDropでMacに共有して編集することも可能です。

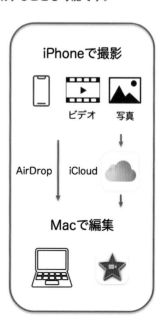

素材のダウンロード

映像作成に利用できる付属の素材集やChapter1、2で使用する教材を本書のサポートサイトからダウンロードすることができます。本書で映像作成の学習を始める前に素材をダウンロードしておきましょう。

▼ サポートサイトからダウンロード

下記のWebサイトから付属の素材集と教材をダウンロードすることができます。
付録の素材集には、映像制作に使用できる映像や画像素材が含まれています（P104を参照）。

https://book.mynavi.jp/supportsite/detail/9784839977085.html

❶ サポートサイトを開きます

❷ 素材集と教材をダウンロード

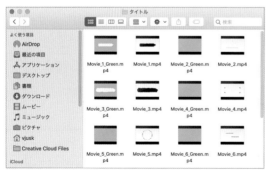

素材集

学習用教材

Chapter

1

iPhoneで映像を作成しよう

［プロジェクトの作成］

Chapter
1

プロジェクトを作成しよう

iPhoneで撮影したビデオなどを素材にして、iMovieで映像の編集を始めてみましょう。
まずはiMovieの起動の仕方やプロジェクト作成について学んでいきます。

▼ iMovieの起動とプロジェクト

1 iMovieの起動

iMovieを使用するには、iPhone
の画面からiMovieのアイコン
を押すと、iMovieが起動します。
画面にiMovieのアイコンがな
い場合は、画面を左右へスライ
ドしてみましょう。

❶ ［iMovie］のアイコンを押す

❷ iMovieがない場合は
左右へスライド

2 新規プロジェクト
の作成

iMovieが起動してプロジェクト
画面が表示されます。［+］を
押して新規のプロジェクトを作
成し、ムービー・予告編のどち
らで編集するかを選択します。
まずは［ムービー］を選択して
自分で映像を編集してみましょ
う。

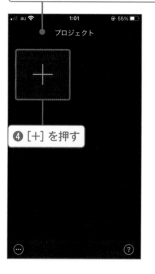

❸ プロジェクト画面が表示されます

❹ ［+］を押す

❺ ムービー：ビデオや写真を
自分で調整して映像を作成

❻ 予告編：テンプレートを使用して
映像を作成（P174を参照）

❼ ［ムービー］を押します

3 映像素材の選択

編集するモードを選択したら、編集で使用するビデオや写真素材を選択します。画面に今までに撮影したビデオや写真の一覧が表示されるので、ビデオを選択して［ムービーを作成］を押します。

ポイント

iPhoneで撮影した素材

iPhoneで撮影したビデオや写真素材はモーメントの一覧に表示されます。また、素材は複数選択することができます。

❽ モーメント（ビデオや写真）の一覧が表示されます

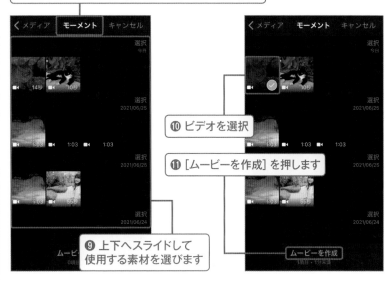

❿ ビデオを選択

⓫ ［ムービーを作成］を押します

❾ 上下へスライドして使用する素材を選びます

4 プロジェクトの画面

ムービー編集モードでプロジェクトが作成され、選択したビデオが編集画面に配置されます。このように使用する素材を読み込んで映像を編集していきます。

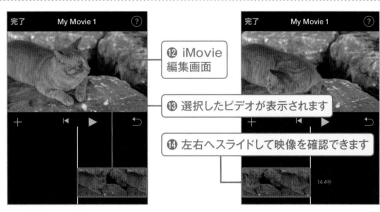

⓬ iMovie編集画面

⓭ 選択したビデオが表示されます

⓮ 左右へスライドして映像を確認できます

ポイント　素材が読み込めない場合

［ムービーを作成］を押した時に［インターネット未接続］が表示され、素材が読み込めない場合は、iMovieの［モバイルデータ通信を］をオンにすると読み込めます。

❶ ［インターネット未接続］が表示される

❷ ［設定］を押す

❸ ［iMovie］を選択

❹ ［モバイルデータ通信］をオン

▼ 追加素材の読み込み

1 素材の追加・選択

映像を編集する際には、ビデオ、写真、音楽など様々な素材を使用します。ほかの素材を追加したい場合は、[+] アイコンを押して、素材を選択・追加することができます。

② 追加する素材の種類を選択

❶ [+] を押す

❸ [ビデオ] を選択

❹ [すべて] を選択

2 素材の読み込み

ビデオの中から使用するビデオを選択します。ビデオの左右をドラッグすることで、読み込む前にビデオの長さを調整することもできます。[+] を押すとビデオが読み込まれます。

❺ ビデオを選択

❻ [+]：ビデオを読み込む

[▶]：ビデオを再生

❼ 左右をドラッグしてビデオの長さを調整できます

❽ [+] を押します

❾ 選択したビデオが調整した長さで読み込まれます

ポイント

ビデオの長さ調整

ビデオの長さ調整はビデオを読み込んだ後、編集画面で行うこともできます。

▼ 編集の終了と再編集

1 映像編集の終了

編集作業を終了したい場合は［完了］を押すと、プロジェクトのトップ画面に戻ります。映像の内容がわかりやすいように、プロジェクトの名前を設定しておきましょう。

❶［完了］を押す

❷ プロジェクト名を押す

❸ プロジェクト名を入力します

ポイント
編集作業の保存

編集中の映像は手順ごとに自動で保存されているので、編集中のプロジェクトを保存する必要はありません。

---

2 映像の再編集

プロジェクト一覧に戻ると、作成したプロジェクトが追加されます。また、映像の編集を行う場合は、プロジェクトの一覧から編集したいプロジェクトを選択し、［編集］を押すと、プロジェクトが開きます。

❹ 編集するプロジェクトを選択

❺［編集］：映像を編集します

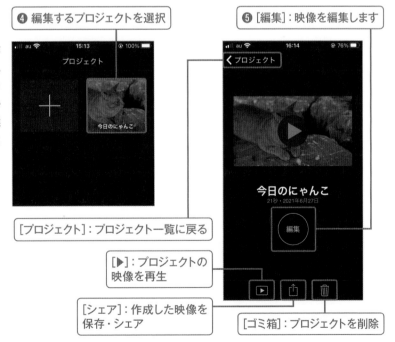

［プロジェクト］：プロジェクト一覧に戻る

［▶］：プロジェクトの映像を再生

［シェア］：作成した映像を保存・シェア

［ゴミ箱］：プロジェクトを削除

［ビデオの編集］

ビデオを編集していこう

プロジェクトを作成してビデオ素材を読み込んだら、さっそく映像を編集してみましょう。
iMovieの画面レイアウトや機能を把握することで、様々な編集がおこなえます。

◤ iMovieの編集機能

1 iMovieの編集画面

iMovieの編集画面の名称や機能を把握しておきましょう。編集中の映像を再生し、
プレビュー画面で確認することができます。

プロジェクトに戻る　プロジェクト名　ヘルプを表示

プレビュー画面

前の素材に移動 ─── 映像を再生

素材の追加 ─── 作業手順を戻る

タイムライン ─── トランジション

ビデオや写真素材

音楽や効果音

現在の再生位置

プロジェクトの設定

2 編集で困ったときは

編集中にiMovieの操作や機能
で困ったときは、［?］を押すと
各機能の解説が表示されます。

［?］を押すと機能の解説が
表示されます

3 タイムラインについて

iMovieではタイムラインにビデオ・写真・音楽などの素材を時間軸に並べて、映像を編集していきます。配置した素材に編集機能でタイトルやエフェクトを追加していく流れになります。

❸ タイトルやテロップを追加

❶ 映像で使用するビデオや写真を読み込んで並べていく

❷ BGMや効果音を映像に追加

❹ トランジション：素材切り替え時のエフェクト

4 タイムラインの表示スケール変更

タイムラインが長くて編集画面が見づらい場合は、画面をピンチして表示スケールを拡大・縮小できます。映像全体を確認したい時はスケールを小さく、ビデオの長さを微調整する時はスケールを大きく設定すると作業しやすくなります。

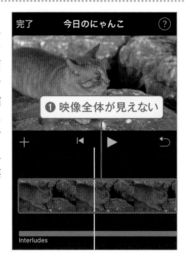

❶ 映像全体が見えない

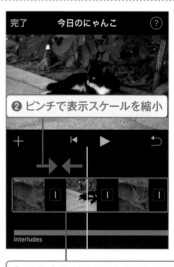

❷ ピンチで表示スケールを縮小

❸ 映像全体が見えるようになります

ポイント 横画面で表示

iPhoneを横にすると、横表示で編集することも可能です。画面縦向きのロックを解除する必要があります。

編集画面を横表示

5 iMovieの編集機能

タイムラインの素材を選択すると、画面の下部に編集機能のメニューが表示されます。アイコンを選択することで、それぞれの編集機能が使用できます。

❶ ビデオを選択

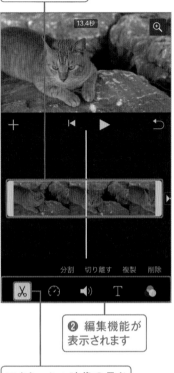

❷ 編集機能が
表示されます

アクション：映像の長さ
などを調整（P31を参照）

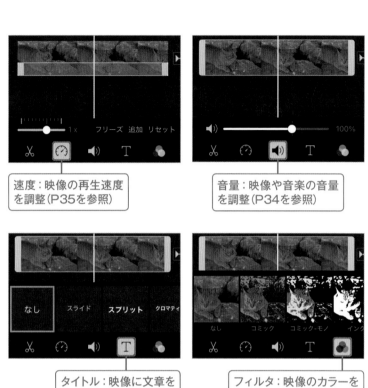

速度：映像の再生速度
を調整（P35を参照）

音量：映像や音楽の音量
を調整（P34を参照）

タイトル：映像に文章を
追加（P36を参照）

フィルタ：映像のカラーを
調整（P88を参照）

ポイント シネマティックモードで撮影したビデオ

iPhone13のシネマティックモードで撮影したビデオを読み込み、選択すると、［シネマティック］のアイコンが表示されます。左右へドラッグしてフィールドの深度を調整すると、背景のボケ具合が変化します。

シネマティック：フィールドの深度を調整

▽ アクション機能

1 ビデオの長さを調整

アクション機能では、ビデオの長さ・サイズの調整や、ビデオを分割することができます。素材の両端をドラッグしてビデオの長さが調整できるので、ビデオを表示したい範囲を調整しましょう。

❶ ビデオを選択

❸ ビデオの長さ：13.4秒

❺ ビデオの後ろ側を左へドラッグ

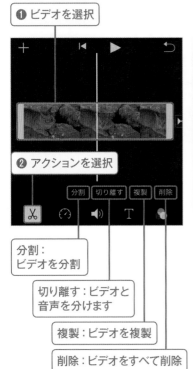

❷ アクションを選択

分割：
ビデオを分割

切り離す：ビデオと
音声を分けます

複製：ビデオを複製

削除：ビデオをすべて削除

❹ ビデオの両端をドラッグして
ビデオをトリミングできます

❻ ビデオの長さが
短くなった

ここを押すと1つ
前の状態に戻る

ポイント

ビデオの長さ調整のコツ

撮影したビデオ素材は、ビデオの表示したい範囲だけを残し、ほかの部分はドラッグしてトリミングしておきましょう。

2 素材の分割

分割を押すと、現在の再生位置でビデオを二つに分割することができます。長いビデオの場合はドラッグして長さを調整すると大変なので、ビデオを分割して、使用しない部分を削除すると効率的です。

❶ 画面をスライドして
ビデオの中間の位置に移動

❷ 素材を選択

❸ アクションを選択

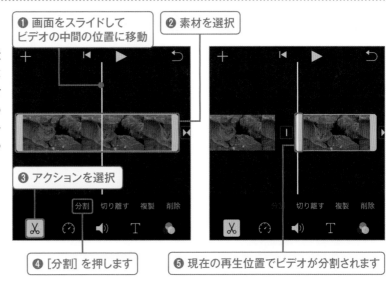

❹ [分割] を押します

❺ 現在の再生位置でビデオが分割されます

3 ビデオの移動

ビデオや写真などの素材は、タイムラインの配置を入れ替えることもできます。先ほど分割したビデオを選択して、映像の最後尾に移動してみましょう。

❶ 分割したビデオを選択

❷ ビデオを長押ししながら右へドラッグ

❸ 指を離すとビデオが配置されます

❹ ビデオが最後に移動しました

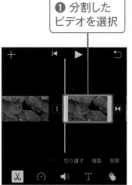

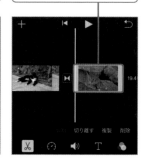

4 ビデオの配置と調整

同様の手順で黒い猫のビデオも分割して、画像のように映像の最後尾に移動しましょう。ビデオを配置したら、各ビデオの端をドラッグして長さをすべて6.0秒に調整しました。

❶ ビデオを分割

❷ ビデオを最後尾に移動

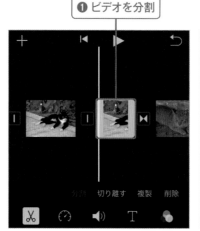
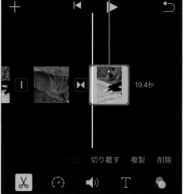

❸ 各ビデオの長さを6.0秒に調整

 ポイント

再生して映像を確認

編集中の映像は画面の [▶] 再生を押して確認することができます。

⑤ ビデオサイズを調整

ビデオを拡大してアップのシーンに変更します。同じアングルから撮影したビデオしかない場合でも、アップのシーンを入れることで映像に変化を加えることができます。

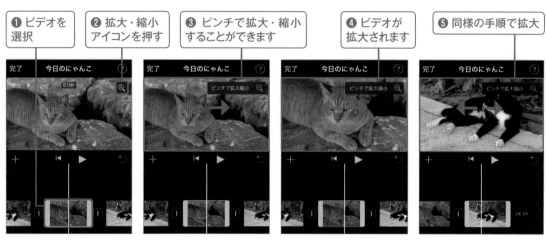

❶ ビデオを選択

❷ 拡大・縮小アイコンを押す

❸ ピンチで拡大・縮小することができます

❹ ビデオが拡大されます

❺ 同様の手順で拡大

ポイント

ビデオの拡大と4K撮影

iPhoneでビデオを4Kで撮影しておくと元の映像が高画質のため、編集時にビデオを拡大して使用しても、よい画質で表示することができます。

⑥ 縦方向で撮影したビデオ

縦方向で撮影したビデオ素材も、拡大することで映像のサイズに合うように調整することができます。基本的には映像のサイドが黒くならないようにして編集するようにしましょう（縦長の映像を編集したい場合はP198を参照）。

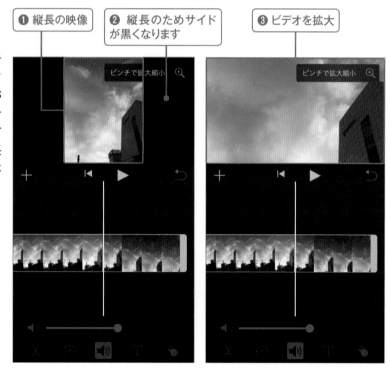

❶ 縦長の映像

❷ 縦長のためサイドが黒くなります

❸ ビデオを拡大

▼ 音量機能

1 音量を調整

音量機能では、ビデオや音楽の音量を調整することができます。編集した映像を再生すると、ビデオを撮影した時に録音された風や自動車などの環境音が入っています。後ほど映像にBGMを追加するので（P44を参照）、各ビデオの音をミュートにしておきましょう。

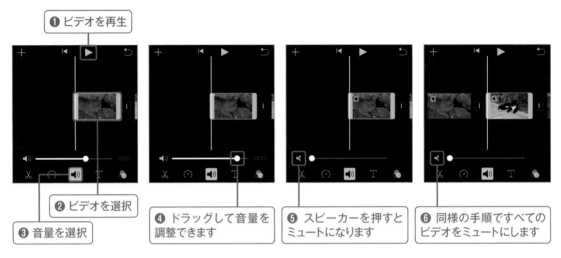

❶ ビデオを再生

❷ ビデオを選択

❸ 音量を選択

❹ ドラッグして音量を調整できます

❺ スピーカーを押すとミュートになります

❻ 同様の手順ですべてのビデオをミュートにします

ポイント インタビューの声が小さい

撮影したビデオでインタビューの声が小さく聞き取りづらい場合などは、音量機能で音量を大きくすると内容が聞き取りやすくなるでしょう。

❶ 再生するとインタビューの声が小さい

❷ ビデオの音量を大きくします

▼ 速度機能

1 ビデオの速度を調整

速度機能では、ビデオの速度を倍速やスローにしたり、一瞬静止させて写真のように表示したりすることができます。動きが早くスローモーションで見せたいシーンなどに適用すると効果的です。

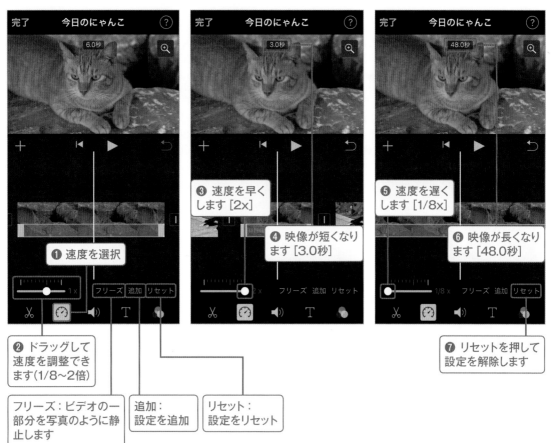

❶ 速度を選択

❷ ドラッグして速度を調整できます（1/8〜2倍）

フリーズ：ビデオの一部分を写真のように静止します

追加：設定を追加

リセット：設定をリセット

❸ 速度を早くします［2x］

❹ 映像が短くなります［3.0秒］

❺ 速度を遅くします［1/8x］

❻ 映像が長くなります［48.0秒］

❼ リセットを押して設定を解除します

ポイント ピッチを速度に合わせる

iMovieではビデオの速度を調整した場合、それに合わせて音も自動で調整する機能があります。ビデオの速度と音がずれると違和感があるので［ピッチを速度に合わせる］をオンにしておきましょう。

❶ ［プロジェクトの設定］を押す

❷ ［ピッチを速度に合わせる］をオンにします

［タイトル・テロップの追加］

Chapter 1 タイトル・テロップの追加

タイトル機能を使用して、映像にタイトルやテロップなどの文章を重ねて表示することができます。映像の内容を文章で解説することによって、より視聴者に伝わりやすい映像が作成できます。

▼ タイトル機能

1 タイトル機能とは

iMovieのタイトル機能を使用すれば、映像にタイトルやテロップ（解説・セリフ・翻訳）のテキストを重ねて表示することが可能です。映像の企画・構成に合わせて、必要な文章を映像に表示しましょう。

❶ 映像の［タイトル］を表示

❷［テロップ］でセリフなどを表示

❸ 次回の予告などを表示

2 タイトルの選択

iPhone版のiMovieでタイトル機能を使用する場合、タイトルを追加したい素材（ビデオ・写真）を選択します。［タイトル］を選択すると、タイトルの一覧が表示されタイトルの内容が確認できます。

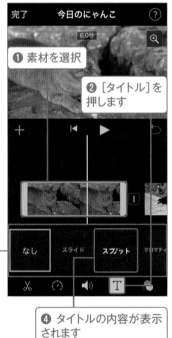

❶ 素材を選択

❷［タイトル］を押します

❸ タイトルの一覧が表示されます

❹ タイトルの内容が表示されます

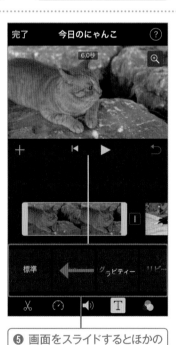

❺ 画面をスライドするとほかのタイトルが表示されます

▼ タイトル追加・設定

タイトルの追加

まずは、[標準] のタイトルを選択して、タイトルを映像に追加してみます。[標準] はシンプルで使用しやすいタイトルなので、こちらで使用方法を学んでいきましょう。

✍ ポイント
タイトルの種類

[標準] ではタイトルが2段＋テロップですが、タイトルの種類によって、アニメーションの動き、フォントの種類、テキストの段数などが変わります。

① タイトル一覧をスライド

② [標準] を選択

③ ビデオの上にタイトルが表示されます

2 タイトル機能の画面

素材にタイトルを適用すると、タイトルの入力用のテキストボックスとタイトル用のメニュー画面が表示されます。タイトル機能ではフォントの種類やサイズ、カラーを変更することができます。

④ [タイトル]用のテキストボックス

⑤ [サブタイトル]用のテキストボックス

⑥ [テロップ]用のテキストボックス

⑦ フォントの設定（P78を参照）

⑧ カラーの設定（P82を参照）

⑨ オプション

⑩ フォントの設定画面

3 タイトルの入力

タイトルが適用できたら、表示したい内容を入力します。[タイトルを入力]
を押して[編集]を選択すると、その箇所のタイトルが編集できるように
なります。

❶ メインタイトル部分を押す　**❷ [編集] を選択**

**❸ タイトルが入力できる
ようになります**

❹ テキストを入力します

**❺ テキストが配置
されます**

4 使用しないテキスト

[標準]のタイトルではメインタイトル以外に、サブタイトルとテロップの
枠があります。必要ない場合はテキストを消去して、表示されないように
編集します。

❶ サブタイトル部分を押す　**❷ [編集] を選択**

**❸ サンプルのテキストが
表示される**

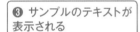

**❹ サブタイトルのテキスト
を消去します**

❺ 同様の手順でテロップ部分のテキストを消去します

ポイント

テキストの消去

[編集]と[削除]の選択時に[削除]を押してしまうとタイトル自体が削除されてしまうので、[編集]を押してから中の
テキストを消去しましょう。

5 タイトルの サイズ調整

映像で表示されているタイトルのサイズを変更したい場合は、タイトル部分をピンチすることでサイズを変更することができます。見やすいように調整してみましょう。

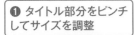

❶ タイトル部分をピンチしてサイズを調整

❷ タイトル拡大

❸ タイトル縮小

6 タイトルの 位置調整

iPhone版のiMovieではタイトルをドラッグすることで、タイトルを好きな位置に配置することができます。映像の内容に合わせて位置も調整してみるとよいでしょう。

❶ タイトルをドラッグします

❷ タイトルの位置が変更されます

ポイント サイズや位置を調整する際の注意

タイトルは徐々に表示されるため、ビデオの冒頭の再生位置では表示されません。タイトルがはっきりと表示されている再生位置で調整をおこないましょう。

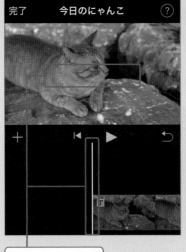

❶ タイトルが表示されていない

❷ 時間が進むとタイトルが表示されていきます

▼ テロップの設定

1 標準を使用したテロップ

テロップを追加するにはいくつか方法がありますが、まずは先ほど使用した［標準］のタイトルを使用して解説します。［標準］ではテロップ用のテキストボックスがあるので、そこに文章を入力します。

❶ テロップを追加するビデオを選択

❷［標準］でタイトルを作成

❸ テロップ部分を押します

❹［編集］を選択

❺ 表示するテキスト入力します

❻ テロップ以外のテキストを［編集］して消去します

2 標準テロップの サイズ・位置を調整

テロップのサイズはピンチで拡大・縮小、位置はドラッグして調整できるので、テロップの文章が読みやすいサイズと位置に調整してみましょう。

❶ ピンチしてテロップを拡大

❷ ドラッグして位置を調整

3 ほかのタイトルを使用したテロップ

[標準] 以外の種類のタイトルでも、タイトル機能のスタイル設定でテロップとして利用することができます。ほかのタイトルの使用方法も学習しましょう。

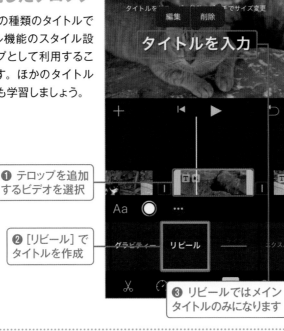

❶ テロップを追加するビデオを選択

❷ [リビール] でタイトルを作成

❸ リビールではメインタイトルのみになります

❹ タイトルを編集し、テキストを入力します

4 スタイルでテロップに変更

テキストを入力したら、オプションからスタイル設定を変更することで、タイトルをテロップの位置に表示することができます。

❺ [⋯] オプションを押す

❻ [スタイル] を選択

❼ [下3分の1] を選択

❽ タイトルが下部に表示されます

❾ ドラッグして中心に合わせます

 ポイント

テロップの種類

テロップで文章を表示する場合は、派手なアニメーションだと違和感があるので、基本的には [標準] や [リビール] などシンプルなものを使用しましょう。

▼ テロップの追加

1 テロップを追加

最後のシーンにも標準のテロップを追加してみましょう。

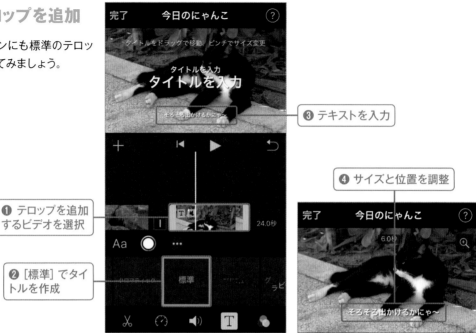

❶ テロップを追加するビデオを選択

❷ [標準] でタイトルを作成

❸ テキストを入力

❹ サイズと位置を調整

2 テロップの長さを調整

映像にテロップを追加したら、映像を再生してみましょう。すると、映像の途中でテロップが消えてしまいます。各ビデオの最後までテロップを表示するには、オプションで [クリップの最後まで継続] をオンにします。

❶ テロップが映像の途中で消えてしまう

❷ […] オプションを押す

❸ [クリップの最後まで継続] をオンにします

❹ ビデオの最後までテロップが表示されます

ポイント

テロップの表示

映像の途中でテロップが消えてしまうと、内容がわからなくなってしまうので、最後までテロップを表示したい場合は [クリップの最後まで継続] をオンにしましょう。

▼ 背景を使用したタイトル

1 背景の作成

今まではビデオなどに素材に対してタイトル（テロップ）を追加してきましたが、新規で文章を表示した場合はどうすればいいのでしょうか。サンプルの背景素材を使用することでタイトルを表示することができます。

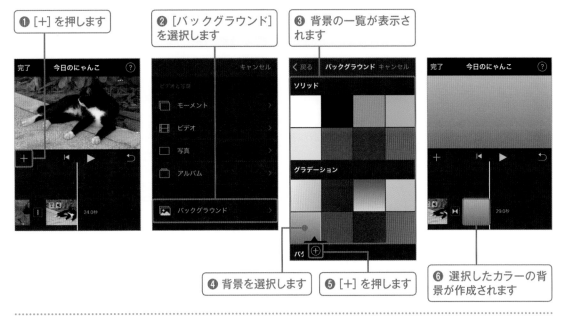

❶ [+] を押します

❷ [バックグラウンド] を選択します

❸ 背景の一覧が表示されます

❹ 背景を選択します

❺ [+] を押します

❻ 選択したカラーの背景が作成されます

2 背景にタイトルを追加

背景を作成したら、その背景にタイトルを追加することができます。背景のカラーは後から変更することも可能です（P206を参照）。

❼ 背景を選択

❽ タイトルを追加します

❾ タイトルを入力します

❿ 背景のカラーを変更

［オーディオの追加］

Chapter
1

オーディオを追加しよう

映像の編集ができたら、iMovieのサンプルの音楽から映像のイメージに合うBGMを選んで追加してみましょう。映像に合う音楽を追加することで、より映像全体が引き立つようになります。

▼ 映像にオーディオを追加

1 iMovieのオーディオ

iMovieでは、映像で使用可能な音楽や効果音が用意されています。それらを読み込むことで簡単に映像に音楽を追加することができます。

❶ [＋] を押す

❷ [オーディオ] を選択

❸ サウンドトラック：音楽

サウンドエフェクト：効果音

2 オーディオの商用利用

iMovieのサウンドトラック・サウンドエフェクト内のオーディオは個人・商用利用を問わず使用することが可能です。

サウンドトラック

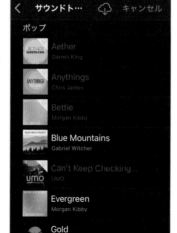

サウンドエフェクト

3 オーディオの選択

[サウンドトラック]を選択すると、使用できる音楽の一覧が表意されます。曲を選択すると再生されるので、編集した猫の映像イメージに合う楽しい曲調のBGMを選びます。

❶ サウンドトラックを選択して

❷ 曲を押すと再生されます

❸ 上下にスライドすると他の曲が表示されます

❹ [Back to Normal]を選択します

❺ [+]を押します

4 オーディオの追加

追加した音楽はタイムラインの下部に緑のラインで表示されます。再生すると映像に合わせて音楽が流れるようになります。BGMを追加したことで、より楽しい印象の映像になりました。

❻ 追加した音楽

❼ 再生を押す

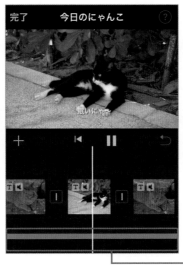

❽ 映像と音楽が再生されます

ポイント

音楽調整のコツ

追加したBGMは、映像の長さに合わせてフェードイン・アウトを適用すると、映像の仕上がりがよくなります(P96を参照)。

［ビデオの共有・保存］

ビデオを共有・保存しよう

映像の編集が完了したら、ビデオとして保存・共有することで、SNSへアップロードや、ほかのユーザーに送ることができます。iPhone版の映像を保存する手順について学びましょう。

▼ ビデオの保存と設定

1 編集した映像

iMovieでタイトルや音楽を追加して映像が編集できたら、このプロジェクトを映像ファイルで書き出すことによって、ビデオとして再生できるようになります。

❶ 編集した映像

❷ ［完了］を押す

❸ ［シェア］を押す

---

2 ビデオの保存設定

シェア画面から、ビデオの保存やほかのアプリへ共有することができます。また、［オプション］から映像の画質なども設定可能です。

✍
ポイント

ビデオの解像度（画質）

編集に4Kで撮影したデータを使用している場合も、保存する際は基本的に［解像度：1080p HD］を選択しておけば問題ありません。

❹ シェア画面が表示されます

❺ ［オプション］を押します

❼ ［解像度］で保存する映像のサイズを設定

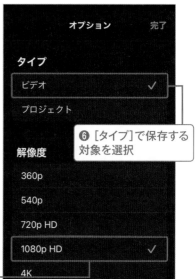

❻ ［タイプ］で保存する対象を選択

③ ビデオの保存

保存する画質を設定したら、[ビデオを保存] を押します。編集した映像が1本のビデオとして書き出されます。編集した映像が長いと、数分程度時間がかかる場合があります。

❽ [ビデオを保存]を押します

❾ 映像の書き出しが始まります

❿ 映像がフォトライブラリに保存されます

④ 保存されたビデオ

[ビデオを保存] を選択すると、ビデオはフォトライブラリに保存されます。[写真]アプリから、映像を再生して確認することができます。

⓫ [写真] を押します

⓬ 編集した映像がビデオとして保存されています

●C1_今日のにゃんこ

�as ビデオの共有

1 共有先の選択

編集した映像は、シェア画面からアプリのアイコンを選択して、書き出したビデオをそのままアプリで共有することができます。

❶ ビデオを共有できるアプリが表示されます

❷ 右へスライドするとほかのアプリが表示されます

2 ビデオの共有

選択したアプリごとに、ビデオの共有設定画面が表示されます。アップロードしたいSNSや送付したい友人を選択して、作成したビデオをシェアしてみましょう。

Instagram でシェア

Messengerでシェア

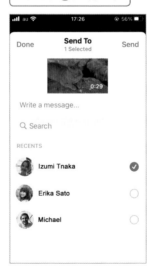

Lineでシェア

ポイント

アプリでシェア

アプリでシェアするには、各アプリにログインしている必要があります。

Chapter

2

Macで映像を作成しよう

[撮影した素材の準備]

Chapter
2

撮影した素材を準備しよう

Mac版のiMovieで映像を編集する前に、カメラなどで撮影したビデオや写真のデータをMacに保存しておきましょう。

◤ 撮影した素材の読み込み

1 カメラで撮影した素材

カメラで撮影したビデオや写真のデータは、通常カメラ内にあるSDカードに保存されています。iMovieで映像の編集を始める前に、使用するデータをMacに保存しておきましょう。

カメラとSDカード

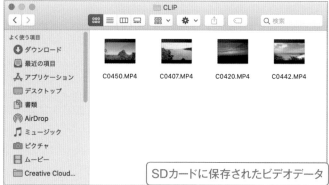
SDカードに保存されたビデオデータ

2 SDカードとMacの接続

SDカードのデータをPCに読み込む場合、MacBook Pro、MacBook Air、iMacの種類によっては直接SDカードを挿すことができないので、写真のようなSDカードリーダを使用してSDカードを接続します。

SDカードリーダでMacに接続

✦ ポイント

カメラとMacを接続
USBケーブルでカメラとMacを接続して、SDカード内のデータを移すことも可能です。その場合はカメラの電源をONにしましょう。

③ SDカードのデータ

接続できたらMacで[Finder]を開きます。[Finder]の場所にSDカード（カメラ）が表示され、撮影したビデオや写真のデータが参照できるようになります。

❶ [Finder]を開きます

❷ SDカードが表示されます

❸ 撮影したビデオ・写真が参照できます

✏️ ポイント

撮影したデータの保存先

撮影したデータのSDカードへの保存先は機種によって異なるので、使用しているカメラの説明書などを確認しましょう。主にビデオは[.MP4]、[.MOV]形式、写真は[.JPG]、[.RAW]形式で保存されており、iMovieの編集で使用することが可能です。

④ データをコピー

iMovieで編集に使用するビデオや写真をMacにコピーします。新しいフォルダーを撮影場所や日付の名前で作成してデータを保存しておくと、後で管理しやすくなります。

プロジェクトを作成する際に直接SDカード内のデータを読み込むことも可能です。

❹ SDカードのデータをコピー

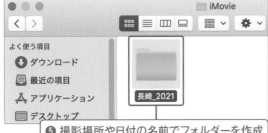

❺ 撮影場所や日付の名前でフォルダーを作成

❻ 作成したフォルダーにコピーしたデータを保存

［プロジェクトの作成］

Chapter
2

プロジェクトを作成しよう

撮影した素材をMacに保存したら、さっそくiMovie起動をして映像の編集を始めてみましょう。まずはiMovieの起動の仕方やプロジェクト作成について学んでいきます。

▼ iMovieの起動とプロジェクト

1 iMovieの起動

MacでiMovieを起動するには、アプリケーションの一覧からiMovieのアイコンをダブルクリックするか、下部のDockの中からiMovieのアイコンをクリックします。

❶ ［アプリケーション］をクリック　　❷ ［iMovie］のアイコンをダブルクリック

❸ ［iMovie］のアイコンをクリック

2 新規プロジェクトの作成

iMovieが起動すると、プロジェクト画面が表示されます。編集した映像のプロジェクトがここに表示されます。［+］を押して新規のプロジェクトを作成してみましょう。

❹ プロジェクト画面が表示されます

❺ ［+］を押す

❻ 作成したプロジェクトはここに表示されます

③ 編集モードの選択

新規プロジェクトを作成する際に、[ムービー]、[予告編]のどちらで編集するかを選択します。まずはムービーを選択して自分で映像を編集してみましょう。

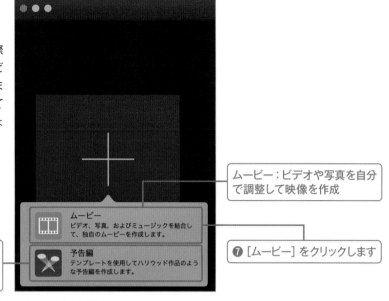

ムービー：ビデオや写真を自分で調整して映像を作成

予告編：テンプレートを使用して映像を作成（P174を参照）

❼ [ムービー] をクリックします

④ プロジェクトの作成完了

ムービー編集モードでプロジェクトが作成されて、編集画面が表示されます。プロジェクトに撮影した素材を読み込んで、映像を編集していきます。

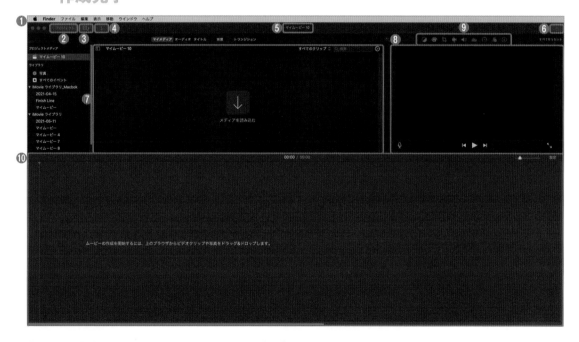

❶ iMovie編集画面
❷ プロジェクト一覧に戻る
❸ メディアを表示／非表示
❹ メディア（素材）を読み込む
❺ プロジェクト名
❻ 編集した映像の共有・保存
❼ メディアライブラリ：
　読み込んだ素材などが表示されます
❽ プレビュー画面
❾ 補正機能
❿ タイムライン：素材を配置して編集します

▼ 素材の読み込みと配置

1 素材の読み込み

映像の編集で使用するビデオ、写真などの素材を読み込む際は、[↓] をクリックします。
編集で使用できるようにコピーした素材を選択して、プロジェクトに読み込んでみましょう。

❶ [プロジェクト名] をクリック　❷ [マイメディア] をクリック

❸ [↓] をクリック

❹ 素材をコピーした
フォルダを開きます

❺ プロジェクトに読み込む
素材を選択

❻ [選択した項目を読み込む] をクリック

ポイント

**ドラッグ&ドロップで
読み込み**

素材を選択して、[メディアライブラリ]部分にドラッグ&ドロップしても素材を読み込むことができます。

2 読み込み完了

読み込みが完了すると、マイメディアに読み込んだビデオや写真などの素材が表示され、このプロジェクトの映像編集で使用できるようになります。

❼ [プロジェクト名] をクリック　❽ [マイメディア] をクリック

❾ 読み込んだメディア（素材）が表示されます

▼ 編集の終了と再編集

1 映像編集の終了

編集作業を終了したい場合は
[プロジェクト] をクリックする
と、プロジェクト一覧の画面に
戻ります。映像の内容がわかり
やすいように、プロジェクトの名
前を設定しておきましょう。

ポイント

編集作業の保存

iMovieでは編集中の映像は
手順ごとに自動で保存されて
いるので、編集中のプロジェ
クトを保存する必要はありま
せん。

❶ [プロジェクト] をクリック

❷ プロジェクト名の設定画面が表示されます

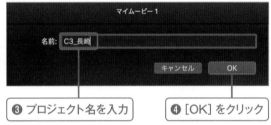

❸ プロジェクト名を入力

❹ [OK] をクリック

2 映像の再編集

プロジェクト一覧に戻ると、作
成したプロジェクトが追加され
ます。また、映像の編集を行う
場合は、プロジェクトの一覧か
ら編集したいプロジェクトをダ
ブルクリックすると、プロジェク
トが開きます。

❺ 作成したプロジェクトが
追加されます

❻ プロジェクトをダブル
クリックします

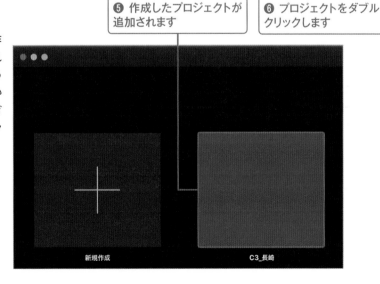

Chapter
2

Macでビデオを編集しよう

プロジェクトを作成してビデオ・写真素材を読み込んだら、素材を使用して映像を編集してみましょう。Mac版のiMovieの基礎的な映像編集の方法や機能について解説していきます。

▼ iMovieの編集機能

1 iMovieの編集画面

iMovieで映像の編集を行うために、編集画面の名称や機能を把握しておきましょう。

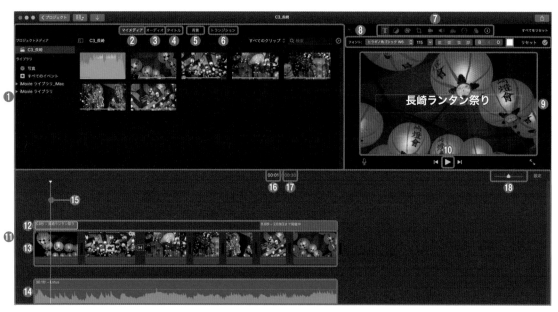

① メディアライブラリ　　② マイメディア：素材を表示　　③ 音楽素材を表示
④ タイトル機能を表示　　⑤ 背景素材を表示　　⑥ トランジション機能を表示
⑦ 補正機能　　⑧ 機能の設定　　⑨ プレビュー画面
⑩ ▶：映像の再生　　⑪ タイムライン　　⑫ タイトルなどのテキスト
⑬ ビデオや写真素材　　⑭ BGMなどの音楽　　⑮ 現在の再生位置
⑯ 現在の再生時間　　⑰ 映像の合計時間　　⑱ タイムラインのスケール調整

2 編集で困ったときは

編集中にiMovieの操作や機能で困ったときは、ヘルプから各機能の解説などを確認することができます。

❶ ［ヘルプ］をクリック　　❷ ヘルプのメニューが表示されます

3 メディアライブラリについて

メディアライブラリでは、読み込んだ素材やサンプルの音楽、タイトルなどの文章を追加したり、映像切り替え時のエフェクトを追加したりすることができます。

❶ [マイメディア]を選択

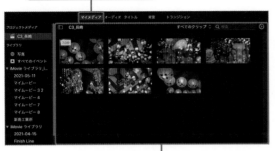

❷ プロジェクトに読み込まれたビデオ・写真素材が表示されます（P58を参照）

❸ [オーディオ]を選択

❹ 映像で使用できる音楽や効果音が表示されます（P72を参照）

❺ [タイトル]を選択

❻ 映像で使用できるタイトルのテンプレート（P66を参照）

❼ [背景]を選択

❽ 映像で使用できる背景素材

❾ [トランジション]を選択

❿ 映像切り替え時に使用できるエフェクト（P92を参照）

ポイント Mac版で素材を追加

Mac版で素材を追加する場合は、左上の [↓] をクリックするか、メディアライブラリに素材をドラッグ＆ドロップします。

❶ [↓]をクリック

❷ 素材をドラッグ＆ドロップ

▼ ビデオの配置と編集

1 ビデオの配置

マイメディアから読み込んだ素材をタイムラインにドラッグ＆ドロップすると、映像として配置することができます。iMovieではタイムラインにビデオ・写真・音楽などの素材を時間軸に並べて、映像を編集していきます。

❶［マイメディア］を選択　❷ 配置する素材を選択

❸ タイムラインにドラッグ＆ドロップします

❹ ビデオが配置されます

2 ビデオの長さを調整

配置したビデオの両端をドラッグしてビデオの長さが調整できるので、ビデオの表示させたい範囲を調整しましょう。

❺ ビデオを選択　❻ ビデオの長さ：12.5秒

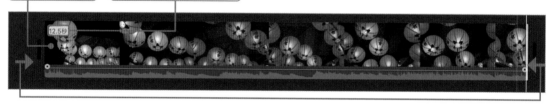

❼ ビデオの両端をドラッグしてビデオをトリミングできます　❽ ビデオの端を左へドラッグします

❾ ビデオの長さ：10.0秒に設定します

ビデオの長さ調整のコツ

撮影したビデオ素材は、ビデオの表示したい範囲だけを残し、他の部分はドラッグしてトリミングしましょう。

③ ビデオの配置と調整

ほかのビデオも左から順にドラッグ＆ドロップして配置します。配置したら各ビデオの長さを調整してみましょう。

❶ ドラッグ＆ドロップして配置

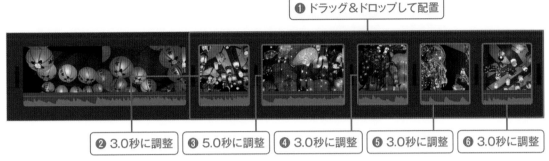

❷ 3.0秒に調整　❸ 5.0秒に調整　❹ 3.0秒に調整　❺ 3.0秒に調整　❻ 3.0秒に調整

ポイント　再生して映像を確認

編集中の映像は右上のプレビュー画面の[▶]再生をクリックして確認することができます。

[▶] 再生をクリック

④ タイムラインの表示スケール変更

タイムラインが長くて編集画面が見づらい場合は、タイムラインのスケールをスライドすることで、表示スケールを拡大・縮小できます。映像全体を確認したい時はスケールを小さく、ビデオの長さを微調整する時はスケールを大きく設定すると作業しやすくなります。

❶ 映像全体が見えない

設定　❷ スライダーでタイムラインのスケールが調整できます

❹ 映像全体が見えるようになります

設定　❸ 左へスライド

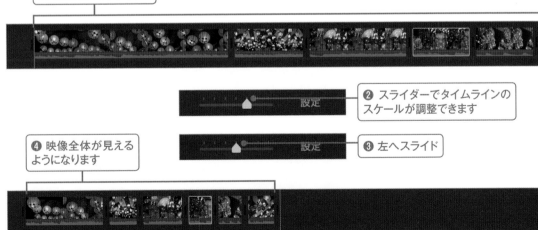

5　素材の分割

［クリップを分割］を選択すると、現在の再生位置でビデオを二つに分割することができます。長いビデオの場合はドラッグして長さを調整すると大変なので、ビデオを分割して、使用しない部分を削除すると効率的です。

❶ 素材を選択

❷ 現在の再生位置をビデオの中間の位置に移動

❸ 右クリックしてメニューを表示

❹［クリップを分割］を選択します

❺ 現在の再生位置でビデオが分割されます

6　ビデオの移動

ビデオや写真などの素材は、タイムラインの配置を入れ替えることもできます。先ほど分割したビデオを選択して、映像の最後尾に移動してみましょう。

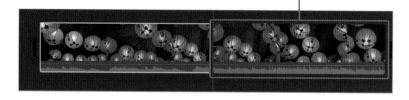

❶ 分割したビデオを選択

❷ ビデオを右へドラッグ

❸ ビデオが最後に移動しました

ポイント
素材の並び順

素材の並び順を後から替えたい場合は、このように素材を移動することができます。

▼ 映像の補正

1 映像の補正機能

配置したビデオや写真素材は、iMovieの補正機能でサイズ、手ぶれ、カラーなど様々な補正・調整を加えることができます。映像の補正機能について学習しておきましょう。

❶ 補正機能を使用する素材をクリック

❷ 補正機能が使用できるようになります

❸ クロップを選択

❹ 補正機能の設定項目が表示されます

❺ ビデオ・オーディオの自動補正：ビデオのカラーや音楽の音量を自動で補正

❻ カラーバランス：映像のカラーを補正

❼ 色補正：明るさ、鮮やかさ、色温度などを手動で補正（P91を参照）

❽ クロップ：映像のサイズ調整、拡大・縮小などを設定（P62を参照）

❾ 手ぶれ補正：映像の手ぶれを補正（P64を参照）

❿ ボリューム：音量を調整（P65を参照）

⓫ ノイズリダクションおよびイコライザ：音声ノイズの除去

⓬ 速度：映像の速度をスローや倍速に設定（P63を参照）

⓭ クリップフィルタとオーディオエフェクト：フィルターでカラー補正や音楽のエフェクトを適用

⓮ クリップ情報：素材の詳細情報を表示

ポイント

シネマティックモードで撮影したビデオ

iPhone13のシネマティックモードで撮影したビデオをPCに読み込み、選択すると、[シネマティック] のアイコンが表示されます。左右へドラッグしてフィールドの深度を調整すると、背景のボケ具合が変化します。

シネマティック：フィールドの深度を調整

▼ クロップ機能

1 クロップ機能の設定

クロップ機能では、ビデオのサイズを調整したり、写真素材を拡大・縮小、左右へスライドさせたりすることができ、iMovieの映像の編集で使用頻度の高い機能です。

❶ クロップ機能を適用するビデオを選択　❷ [クロップ] をクリック

❸ フィット：素材を映像の枠に合わせる
❹ サイズ調整してクロップ：素材の表示する範囲を調整します
❺ Ken Burns：素材を拡大・縮小、左右へスライドさせます（P222を参照）
❻ クリップ（素材）を反時計回りに回転
❼ クリップ（素材）を時計回りに回転
❽ リセット：クロップの設定をリセット

2 ビデオサイズを調整

サイズを調整することで、撮影したビデオに映り込んでしまった物や人などをカットすることができます。ビデオをアップにすることで、左下の柱が目立たなくなります。

❸ 表示する範囲を調整します　❹ ✅をクリック

❶ [サイズ調整してクロップ] をクリック

❷ 左下隅を右上へドラッグします

❺ 選択した範囲が拡大されて表示されます

ポイント

ビデオの拡大と4K撮影

カメラでビデオを4Kで撮影しておくと、元の映像が高画質のため、編集時にビデオを拡大して使用しても、よい画質で表示することができます。

▼ 速度機能

1 速度機能の設定

速度機能では、ビデオの速度を倍速やスローにしたり、一瞬静止させて写真のように表示したりすることができます。Mac版では速度を20倍に設定できるので、後からタイムラプスのような映像にすることも可能です。

❶ 速度機能を適用するビデオを選択　　❷ [速度] をクリック

❸ 速度：映像の速度を調整
❹ スムーズ：速度トランジションのスムージングを設定します
❺ 逆再生：映像を逆再生します
❻ ピッチを保持：映像の速度に音楽のピッチを合わせます
❼ リセット：速度の設定をリセット

2 ビデオの速度を補正

ここでは撮影したビデオの横スライドが速いシーンを補正するために、ビデオの再生速度を50%遅く設定して、ゆっくりと映像が横にスライドするようにしてみましょう。[遅く] が適用されたビデオは亀、[速く] が適用されたビデオはウサギのアイコンが表示されます。

❶ 速度から [遅く] を選択　　❷ [50%] をクリックします

❸ 速度変更前：3.0秒

❹ 速度変更後：6.0秒　　❺ 50%遅くした為、映像の長さは2倍になります

❻ 亀のアイコンが表示されます

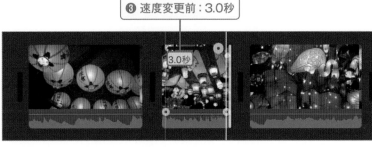

▼ 手ぶれ補正機能

1 手ぶれ補正機能の設定

三脚やジンバルを使用しないと、撮影したビデオが手ぶれしてしまいますが、Mac版のiMovieでは手ぶれの補正機能があるので、撮影後に手ぶれしている映像を補正することができます。

❶ 手ぶれ補正を適用するビデオを選択

❷ [手ぶれ補正] をクリック

ポイント

ローリングシャッターを補正

撮影時にカメラを早く動かした場合、ビデオが揺れたり、曲がって見えたりするローリングシャッター歪みと呼ばれる現象を補正します。

❸ ビデオの手ぶれ補正：手ぶれ補正のオン・オフ
❹ 手ぶれ補正強度：数値が高いほど手ぶれが軽減されます
❺ ローリングシャッターを補正：ローリングシャッター歪みを補正
❻ リセット：手ぶれ補正の設定をリセット

2 手ぶれを補正

手ぶれがあるビデオを選択して、[ビデオの手ぶれ補正] をチェックします。映像の手ぶれを解析して手ぶれが軽減されます。補正強度の数値を大きく設定すると、より手ぶれが無くなります。

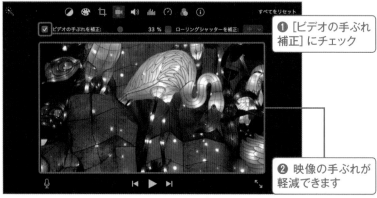

❶ [ビデオの手ぶれ補正] にチェック

❷ 映像の手ぶれが軽減できます

❸ 補正強度の数値を [100%] に設定

❹ 手ぶれが無くなります

▼ 自動補正とボリューム機能

1 自動補正機能

Mac版では素材の自動補正機能があり、適用するだけで素材のカラーや音楽を自動で補正できます。映像編集に慣れていない場合は、まずは自動補正を適用してみましょう。

❶ 自動補正を適用するビデオを選択

❷ 自動補正をクリック

❸ カラーや音量が自動で補正されました

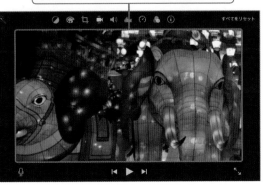

✍ ポイント

自動補正で綺麗にカラー補正できない場合

自動で補正を行う場合は、綺麗にカラー補正できないことがあります。その場合は色補正機能で、手動で設定してみましょう(P91を参照)。

2 ボリューム機能

❶ すべてのビデオを選択します　❷ [ボリューム] をクリック

ボリューム機能では、ビデオや音楽の音量を調整することができます。編集した映像を再生すると、ビデオを撮影した際の環境音が入っています。後ほど映像にBGMを追加するので(P72を参照)、各ビデオの音をミュートにしておきましょう。

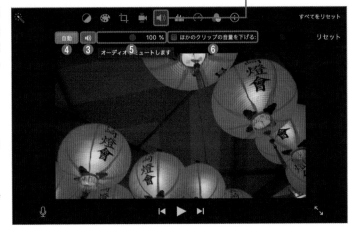

❸ [ミュート]をクリックして音をミュートにします
❹ 自動：音楽の自動補正
❺ 音量の調整
❻ ほかのクリップの音量を下げる オン・オフ

065

Chapter
2

タイトル・テロップの追加

タイトル機能を使用して、映像にタイトルやテロップなどの文章を重ねて表示することができます。映像の内容を文章で解説することによって、より視聴者に伝わりやすい映像が作成できます。

▼ タイトル機能

1 タイトル機能とは

タイトル機能を使用すれば、映像にタイトルやテロップ（解説・台詞・翻訳）のテキストを重ねて表示することが可能です。映像の企画・構成に合わせて、必要な文章を映像に表示しましょう。

[タイトル]では映像のタイトルを表示します

[テロップ]では開催期間や解説文などを表示します

2 タイトルの選択

Mac版のiMovieでタイトル機能を使用する場合、メディアライブラリから［タイトル］をクリックすると、タイトルの一覧が表示されます。Mac版では計54種類のタイトルが使用できます。

❶ ［タイトル］をクリック　　❷ タイトルの一覧が表示されます

❸ タイトルを選択します　　❹ タイトルの内容が表示されます

▼ タイトルの追加・設定

1 タイトルの追加

[中心] のタイトルを選択して、タイトルをタイムラインにドラッグ＆ドロップして追加します。[中心] はシンプルで使用しやすいタイトルなので、こちらで使用方法を学んでいきましょう。

❶ [中心] を選択

❷ ビデオの上の段にドラッグ＆ドロップ

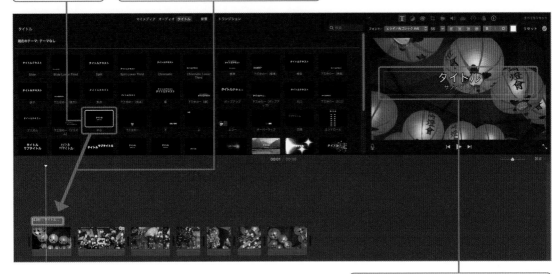

❸ ビデオの上にタイトルが表示されます

2 タイトル機能の画面

追加したタイトルを選択して[T] をクリックすると、タイトル機能のメニューが表示されます。タイトル機能ではフォントの種類やサイズ、カラーを変更することができます。

❶ [タイトル] をクリック

❷ タイトル用のテキストボックス

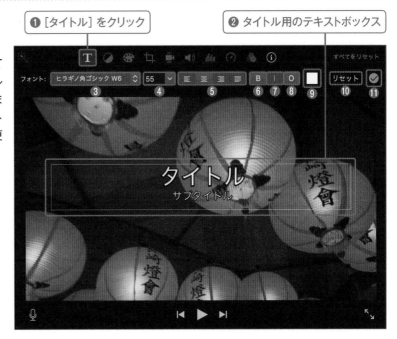

❸ フォントの設定
❹ フォントサイズの設定
❺ 揃えの設定
❻ 太字の設定
❼ 斜体の設定
❽ アウトライン化の設定
❾ テキストカラーの設定
❿ タイトルの設定をリセット
⓫ タイトルの調整を適用

3 タイトルの入力

追加したタイトルのテキストボックス部分を選択すると、タイトルのテキストが編集できるようになります。映像のタイトルを入力してみましょう。

❸ テキストボックスを選択するとタイトルが入力できます

❹ テキストを入力します

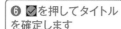

❺ [O] をクリックして、アウトライン（縁取り）を解除します

❻ ✅を押してタイトルを確定します

❼ 映像にタイトルの内容が反映されます

ポイント

アウトライン（縁取り）

タイトルで [中心] を使用した場合は、アウトライン（縁取り）が適用されているので、状況に応じて必要ない場合は解除しておきましょう。

---

4 タイトルの長さを調整

映像にタイトルを追加したら、映像を再生してみましょう。すると、映像の途中でタイトルが消えてしまいます。タイトルの表示時間は、タイムラインのタイトルの両端を左右へドラッグして調整できます。

❽ タイトルがビデオの途中で消えてしまう

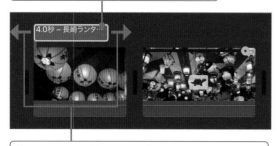

❾ タイトルの両端をドラッグして長さを調整できます

❿ タイトル右端を右へドラッグ

▼ タイトルの調整

1 タイトルの サイズ調整

Mac版でタイトルのサイズを変更したい場合は、フォントのサイズを変更するとタイトルのテキストが拡大・縮小します。タイトルが見やすいようにサイズを調整してみましょう。

❶ フォントサイズを上げると タイトルのテキストが大きくなる

❷ フォントサイズを下げると タイトルのテキストが小さくなる

★ ポイント

サイズを調整する際の注意

タイトルは徐庶に表示されるため、ビデオの冒頭の再生位置では表示されません。タイトルがはっきりと表示されている再生位置で調整するとよいでしょう。

2 タイトルの 位置調整

Mac版では［揃え］で使用して、タイトルの位置を左右へ変更することは可能ですが、上下にテキストを移動することができません。下部にテロップとしてテキストを表示したい場合は、テロップ用のタイトルを使用しましょう。

❶ ［左揃え］を クリック

❷ テキストが左揃えで 表示されます

❸ ［右揃え］を クリック

❹ テキストが右揃えで 表示されます

★ ポイント

タイトルを上下に移動する方法

タイトル機能にタイトルを上下に配置する設定はありませんが、テキストボックスを改行することで、上下に設定する方法もあります。

▼ テロップの追加・設定

1 テロップの追加

テロップを追加する際は、タイトルの一覧で下部にテキストが表示されているテロップ用のタイトルを使用します。下部にテキスト表示することで、メインの映像に重ならずに内容を解説することができます。

❶ [下三分の一] を選択

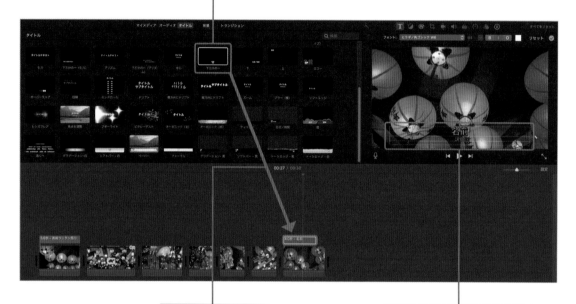

❷ ビデオの上の段にドラッグ＆ドロップ

❸ ビデオの上にテロップが表示されます

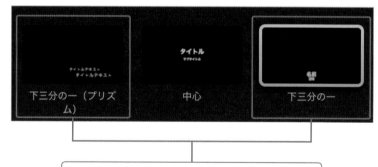

下三分の一（プリズム）　　中心　　下三分の一

[下三分の一] というタイトルはテロップ用で、下部にテキストが表示できるようになっています。

ポイント

テロップの内容

テロップは映像の内容をよりわかりやすく伝えるために、シーンの解説、台詞、翻訳などを文章で映像に重ねて表示します。

② テロップの入力・設定

テロップを追加したら、映像の内容に沿って解説などの文章を入力します。[下三分の一] ではテキストが2段になっているので、使用しない下の段のテキストは消去しておきましょう。

❹ テキストを入力します

❺ [O] をクリックしてアウトラインを解除

❻ 下の段のテキストを消去します

❼ ☑を押してテロップを確定します

ポイント

テロップが読みづらい場合

テロップが背景と同系色になって読みづらい場合は、テキストのカラーを変更するか、アウトライン化してみましょう（P90を参照）。

③ テロップの長さを調整

テロップで記載している文章の表示時間が短いと、解説や台詞などが読み取れなくなってしまうので、テロップで表示する文章は長めに設定しておきましょう。

❶ テロップの両端をドラッグして長さを調整

❷ 右端を右へドラッグ

❸ 複数のビデオに同じテロップを適用

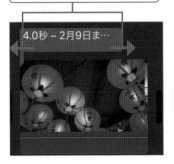

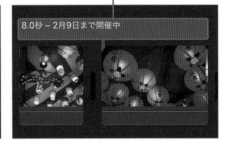

ポイント

複数のビデオをまたいだテロップ

Mac版では、テロップの両端をドラッグして複数のビデオをまたいでテロップを表示することも可能です。

［オーディオの追加］

Chapter

2

オーディオを追加しよう

映像の編集ができたら、iMovieのサンプルの音楽から映像のイメージに合うBGMを選んで追加してみましょう。映像に合う音楽を追加することで、より映像全体が引き立つようになります。

▼ 使用できるサンプル音楽

1 iMovieのオーディオ

Mac版のiMovieでも、映像で使用可能な音楽や効果音が用意されています。それらを読み込むことで簡単に映像に音楽を追加することができます。

ポイント

オーディオの商用利用

iMovieのサンドトラック・サウンドエフェクト内のオーディオは個人・商用利用を問わず使用することが可能です。

❶ ［オーディオ］をクリック

❷ ［サウンドエフェクト］をクリック

❸ サウンドエフェクトのジャンル

❹ 使用可能なオーディオが表示されます

▼ 映像にオーディオを追加

1 オーディオの選択

音楽のジャンルを選択してみましょう。オーディオの一覧の中から曲を再生して、編集した「長崎ランタン祭り」のイメージ合うBGMを選びます。映像より短いと途中でBGMが切れてしまうので、音楽の長さも確認しましょう。

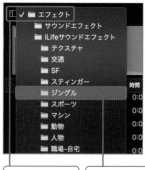

❶ ジャンルを選択します

❷ ［ジングル］を選択

❹ ［▶］をクリックすると音楽が再生されます

❸ 曲を選択します

② オーディオの追加

使用する音楽が決まったら、映像の下の音符のアイコンの段にドラッグ＆ドロップすると、音楽がタイムラインに緑のラインで追加されます。再生すると映像に合わせてBGMが流れるようになります。

ポイント

BGMと効果音

音楽は映像の段にも追加することができます。BGMなどは音符の段に、効果音などは映像の段に配置しましょう（P221を参照）。

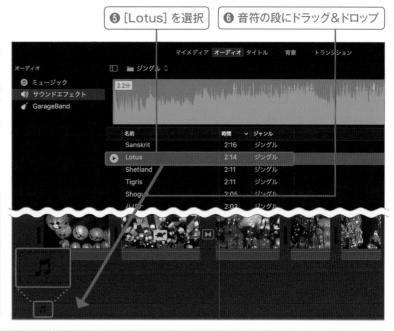

❺ [Lotus] を選択　❻ 音符の段にドラッグ＆ドロップ

③ オーディオの長さを調整

追加したBGMが映像より長いため、音楽の右端を左へドラッグして映像と同じ長さに調整します。また、BGMにフェードイン・アウトを適用すると、映像の仕上がりがよくなります（P96を参照）。

❼ 追加したBGM　❾ 映像と同じ長さに調整

❽ 音楽の右端を左へドラッグ

ポイント

BGMをトリム

プロジェクト設定で［BGMをトリム］にチェックを入れると、自動でBGMの長さを映像と同じ長さに調整できます。

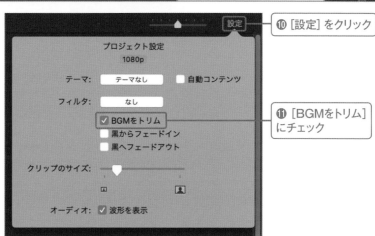

❿ [設定] をクリック

⓫ [BGMをトリム] にチェック

[ビデオの共有・保存]

Chapter

2

ビデオを共有・保存しよう

映像の編集が終わったら、ビデオファイルとして書き出すことで、SNSへアップロードや、ほかのユーザーに送ることができます。Mac版で編集した映像を保存する手順について学びましょう。

▼ ビデオファイルの書き出しと設定

1 編集した映像

iMovieでタイトルや音楽を追加して映像が編集できたら、このプロジェクトを映像ファイルで書き出すことによって、ビデオとして再生できるようになります。

❶ [共有] をクリック

❷ 共有のメニューが表示されます

メール

YouTube および Facebook

現在のフレームを保存

ファイルを書き出す

❸ [ファイルを書き出す] を選択

2 ビデオファイルの書き出し設定

ビデオファイルの設定画面では映像のサイズや画質などが設定できます。また、ビデオの書き出しにかかる予想時間や予想サイズも確認できます。

❶ 解像度：ビデオのサイズ
❷ 品質：ビデオの画質
❸ 圧縮：圧縮の選択
❹ ビデオの書き出し予想時間
❺ ビデオの予想サイズ

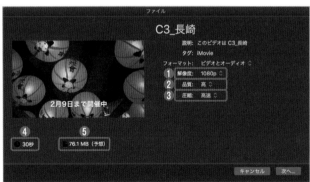

ファイル

C3_長崎

説明: このビデオは C3_長崎
タグ: iMovie
フォーマット: ビデオとオーディオ ◇
❶ 解像度: 1080p ◇
❷ 品質: 高 ◇
❸ 圧縮: 高速 ◇

2月9日まで開催中

❹ 30秒　❺ 76.1 MB (予想)

キャンセル　次へ...

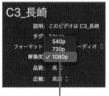

C3_長崎

説明: このビデオは C3_長崎
タグ: iMovie
フォーマット: ビデオとオーディオ
解像度: 540p / 720p ✓1080p
品質: 高
圧縮: 高速

通常は、ビデオのサイズ設定 [1080p] を選択

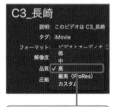

C3_長崎

説明: このビデオは C3_長崎
タグ: iMovie
フォーマット: ビデオとオーディオ ◇
解像度:
品質: 低 / 中 / ✓高 / 最高 (ProRes) / カスタム
圧縮:

通常は、ビデオの品質設定 [高] を選択

ポイント

ビデオの解像度と品質

編集に4Kで撮影したデータを使用している場合も、保存する際は基本的に [解像度：1080p]、[品質：高] を選択しておけば問題ありません。

▼ ビデオを保存する

1 ビデオの保存

保存する画質を設定したら、保存先を選択して[保存]をクリックします。編集した映像が1本のビデオファイルとして書き出されます。編集した映像が長いと、数分程度時間がかかる場合があります。

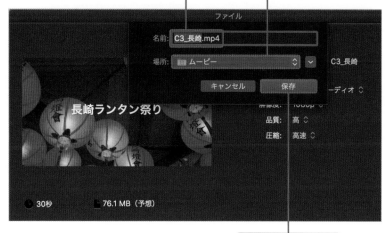

❶ ビデオのファイル名を入力

❷ 保存先を選択します[ムービー]

❸ [保存]をクリック

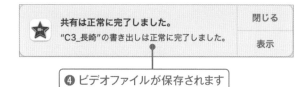

❹ ビデオファイルが保存されます

ポイント
保存先の設定
後で管理しやすいように、ビデオの保存先は[ムービー]の配下を指定するとよいでしょう。

2 保存されたビデオ

ファイルを書き出したフォルダーを開くと、編集した映像がビデオファイルとして保存されています。映像を再生して確認することができます。

❺ 指定した場所に映像がビデオとして保存されています

❻ ビデオを再生

●C2_長崎

▼ ビデオの共有機能

1 現在のフレームを 画像で保存

共有機能では、映像の1フレームを画像として［.jpg］形式で書き出すこともできます。YouTubeのサムネイル用や、SNSに画像としても投稿したい時に活用してみましょう。

❶ 再生位置を画像として 書き出したい位置に移動

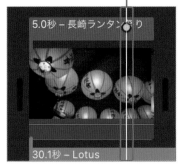

❷ ［共有］をクリック

❸ ［現在のフレームを保存］を選択

❹ 保存先を選択［ピクチャ］

❺ 画像として保存されます

2 YouTubeおよび Facebookの設定

共有画面から［YouTubeおよびFacebook］を選択すると、解像度を選択するだけでYouTube・Facebookのアップロードに最適なビデオ設定で書き出すことができます。

❶ YouTubeおよびFacebook設定画面

❷ ［解像度］のみが設定できます

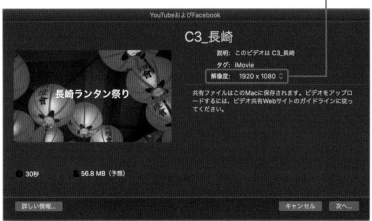

❸ ビデオのサイズ設定 ［1920×1080］を選択

ポイント

YouTubeやFacebook へアップロード

Mac版ではiMovieから直接アップロードできないため、Webサイトやアプリ側から書き出したビデオをアップロードする必要があります。

Chapter
3
よりスタイリッシュに仕上げるには

［フォントを変更してスタイリッシュに］ iPhone Mac

Chapter 3 フォントを変更してスタイリッシュにしよう

タイトルやテロップのフォントの種類を変更するだけで、映像の印象が大きく変わってきます。映像の内容に合うように美しいフォントやポップなフォントに変更して、よりスタイリッシュに仕上げてみましょう。

� フォントの種類と設定

1 フォントの設定 iPhone・iPad版

フォントを設定したいタイトルを選択して、テキスト編集機能を表示します。テキスト編集機能ではフォントの種類、サイズ、カラーなどを変更することができます。

❶ タイトルを選択

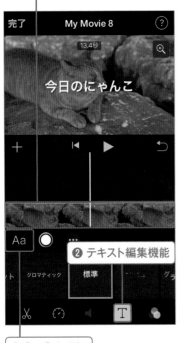

❷ テキスト編集機能

❸ [Aa] を選択

❹ フォントの一覧が表示されます

❺「ヒラギノ丸ゴ ProN」フォントを選択

❻ フォントが変更されます

ポイント

テキスト機能の違い

iPhone版とMac版で使用できるフォントの種類や機能が異なります。

機能	フォントの変更	カラーの変更	サイズの変更	アウトライン	テキストのシャドウ
iPhone・iPad	○	○	○	×	○
Mac PC	○	○	○	○	×

2 フォントの設定 Mac版

フォントを設定したいタイトルを選択して、テキスト編集機能を表示します。テキスト編集機能ではフォントの種類、サイズ、カラーなどを変更することができます。

❶ フォントの種類をクリック　❷ フォントの一覧が表示されます　❸ フォントを選択：ヒラギノ丸ゴ Pro W4

❹ 選択したフォントに変わります

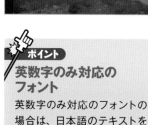

ポイント

英数字のみ対応のフォント

英数字のみ対応のフォントの場合は、日本語のテキストを入力しても変化がありません。

▼ いろいろなフォントを試そう

1 フォントのイメージ

動物の映像なので丸みのあるフォントを選択することで、タイトルの印象が柔らかくなったと思います。このように内容に合うフォントを選択することで、映像自体の印象が変わってきます。

ヒラギノ角ゴシック W0：
細身でスタイリッシュな印象

ヒラギノ角ゴシック W6：
太字で目立つ印象

ヒラギノ明朝Pro W6：
明朝体なので日本語が読みやすい

2 英数字用フォント

テキストが英数字表記でもかまわない場合は、英数字のみ対応のフォントを使用することができるので、よりフォントの選択肢が広がります。

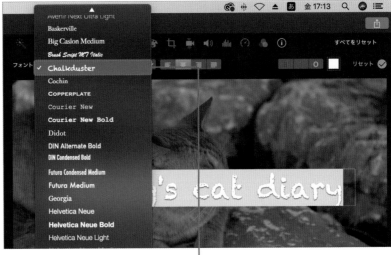

❶ iPhone版：Chalkduster

❷ Mac版：Chalkduster

3 英数字用フォントでスタイリッシュに

カフェやショップの店名などでアルファベット表記の場合は、英数字用フォントを適用するだけでもスタイリッシュな印象に変わります。

フォント：Chalkduster

フォント：Noteworthy Light

フォント：Zapfino

ポイント 英数字の大文字・小文字

iPhone版で英数字が大文字になってしまう場合は、オプションの大文字設定をオフにしましょう。

▼ フォントでスタイリッシュに仕上げる

1 iMovie内の 日本語用フォント

内容と合うフォントや文章が読みやすいフォントを選びましょう。

フォント：ヒラギノ明朝 Pro W3

もっと自由に
自分らしく
Be yourself more freely

フォント：ヒラギノ角ゴ Pro W6

2 iMovie内の 英数字用フォント

背景の映像や写真がテキストと被ってしまう場合は、テキストを左・右揃えにすると綺麗におさまり見栄えがよくなります。

フォント：Helvetica Neue UltraLight

フォント：Zapfino

3 フリーで使用可能な 追加したフォント

無料・有料のフォントをインストールすることで、より多くのフォントを使用することができます（P208を参照）。

フォント：なごみ極細ゴシック Extra Light

フォント：りいてがき筆

よりスタイリッシュに仕上げるには

▼ テキストのカラー

1 テキストのカラー設定 iPhone・iPad版

テキストと背景の色が同系色になってしまうとテキストが読みづらくなってしまいます。その場合はテキストのカラーを変更することでテキストが読みやすくなります。また、iPhoneのアプリ版ではオプションからテキストに影を付けることができます。

❶ 同系色で読みづらい

❷ [カラー] を選択

❸ オプション

❹ カラー選択

❺ テキストのカラーが変更されます

❻ [テキストのシャドウ] をオンにします

❼ テキストに影が付きます

2 テキストのカラー設定 Mac版

Mac版でも同じようにテキストのカラー変更することができます。また、Mac版ではアウトライン機能でテキストを縁取りすることができます。

❷ カラー設定画面が表示されます

❸ カラーを調整

❹ 明るさを調整

❶ [カラー] をクリック

❺ [O] をクリック

❻ テキストがアウトライン化されます

▼ カラー設定のポイント

1 モノトーンで落ち着いた印象に

白・黒を基本にテキストのカラーを設定すると、落ち着いた印象になりテキストが読みやすくなります。

背景と同系色にならないように黒系に設定

白いテキストをアウトライン化

2 カラーで明るい印象に

背景の映像や画像の内容に合わせてテキストのカラーを変更すると、映像の印象も変わってきます。

広告のイメージに合わせてピンク

キッズっぽいカラフルな色使い

3 キーワードを目立たせる

テキストに赤を使用することで、強調したい部分をより目立たせることができます。

SALEを目立たせる

広告の文章を強調

［タイトル&テロップのポイント］ iPhone Mac

Chapter

3

タイトル&テロップのポイント

フォントの種類やカラー以外にも、タイトルやテロップにアニメーションを加えたり、帯を入れたりすることでテキストの内容が目立ち、読みやすくなります。

▼ タイトル&テロップの種類

1 タイトル&テロップの種類と内容

iPhone版とMac版で使用できるタイトルの種類が異なりますが、どちらもタイトルの一覧からタイトルやテロップのアニメーションの内容を確認することができます。

❶ タイトル一覧
iPhone版（12種類）

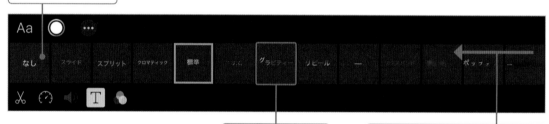

❷ アニメーションの内容が表示されます

❸ スライドするとほかのタイトルが表示されます

❶ タイトル一覧
Mac版（54種類）

❷ タイトルを選択します

❸ アニメーションの内容が表示されます

2 タイトルアニメーションの効果

タイトルをアニメーションさせることで文章が目立ち、効果的に視聴者へ内容を伝えることができます。映像のタイトルや広告映像などで特に伝えたい文章に適用すると効果的です。

タイトルアニメーションの動き：焦点

3 テロップのポイント

テロップを入れて映像の内容を解説する際、テキストと背景が同系色だと文章が読みづらくなります。その場合は帯がある種類のテロップを使用すると、テキストが読みやすくなります。

❶ テロップの文章が読みづらい

グラデーション-白　ソフトバー - 白　ペーパー　フォーマル　グラデーション- 黒　ソフトバー - 黒

❷ 帯ありのテロップを選択（Mac版）

❸ 文章が読みやすくなります

ポイント

iPhone版の帯ありのテロップ

iPhone版で帯ありのテロップを使用する場合は、テーマを設定します（P100を参照）。

▼ タイトルアニメーション設定のポイント

1 タイトルが目立つアニメーション

タイトルや文章が目立つアニメーションの種類を紹介します。

iPhone版：［ポップアップ］、［スライド］、［標準］、［エクスバンド］
Mac版：［ポップアップ］、［Slide］、［標準］、［伸長］

例：ポップアップ

2 スタイリッシュな印象のアニメーション

スタイリッシュな印象のアニメーションの種類を紹介します。

iPhone版：［フォーカス］、［スプリット］、［ライン］、［クロマティック］
Mac版：［焦点］、［Split］、［線］、［ブラー（横）］

例：クロマティック

例：焦点

★ポイント

タイトルアニメーション選択の注意

派手すぎるエフェクトのアニメーションを多用してしまうと、映像の仕上がりが素人っぽくなってしまうので注意しましょう。

▽ テロップ設定のポイント

1 基本となるテロップ

iPhone版：[標準]（スタイル：下3分の1）
Mac版：[下三分の一]

まずは [下三分の一] でテロップを入れてみましょう。テキストが読みづらい場合は帯ありのテロップを使用するようにしましょう。

ポイント

テロップはアニメーションさせないように

テロップにもアニメーションする種類がありますが、文章が動くと読みづらくなるので、基本的にあまりアニメーションしないものを使用しましょう。

例：下三分の一

真栄田岬は多くのダイバーで賑わいます

2 シンプルな印象の帯ありテロップ

iPhone版：[テーマ（モダン、明るい）]（スタイル：ミドル）
Mac版：[ソフトバー 白]、[ソフトバー 黒]

シンプルな印象の帯ありテロップを使用する場合は、フォントもシンプルで読みやすいものを選ぶとよいでしょう。

例：テーマ（モダン）

そろそろ出かけるかにゃ〜

3 柔らかい印象の帯ありテロップ

iPhone版：[テーマ（愉快）]（スタイル：ミドル）
Mac版：[ペーパー]、[フォーマル]

柔らかい印象の帯ありテロップを使用する場合は、フォントも柔らかい印象のものを選ぶとよいでしょう。

例：ペーパー

ん・ん！　気のせいだにゃ・・・

［カラー調整で綺麗に見せる］ iPhone Mac

Chapter

3 カラー調整で綺麗に見せる

撮影したビデオや写真のカラーを調整することで映像をより美しく表現することができます。
iMovieの効果的なカラーフィルターの使用方法や、手動での色補正について解説します。

▼ カラーフィルターについて

1 カラーフィルターの効果

Instagramのフィルターで写真の色合いを加工するように、iMovieでも撮影したビデオや写真にカラーフィルターを適用すると、簡単に素材の色合いや質感を変更することができます。

カラーフィルター：iPhone・iPad版（13種類）

なし　コミック　コミック-モノ　インク　モノクロ　ブラスト　ブロックバスター　ブルー　迷彩　ドリーミー　ダブルトーン　サイレント　ビンテージ　ウェスタン

カラーフィルター：Mac版（34種類）

元画像

カラーフィルター適用：ウェスタン

▼ カラーフィルターのポイント

1 海や空を綺麗に

空や海などの風景は［ハードライト］を適用すると、より青さがきわ立ちます。

2 夕日を綺麗に

夕日などのシーンでは［ウェスタン］を適用すると、より夕日の赤みが増します。

3 夜景を綺麗に

夜景などのシーンの場合は、［グロー］を適用すると、イルミネーションがより輝いて見えるようになります。また、［ロマンチック］を適用すると、周りがぼけて幻想的な印象になります。

4 映画のような質感に

映像に映画のような質感を出したい場合は、[ブロックバスター] や [ビネット] を適用すると、海外の映画やドラマのような質感に加工することができます。

元画像

フィルター：ブロックバスター

フィルター：ビネット

5 イラスト風に

イラストなどが描けない方でも、[コミック] 系のフィルターを適用すると、ビデオや写真などの素材をイラスト風に加工できます。

元画像

フィルター：コミック（クール）

フィルター：コミック（インク）

▼ 手動でカラー補正

1 暗いシーンを明るく補正

撮影したビデオが少し暗い場合は、ハイライトを調整して撮影したビデオを明るく補正することができます。

❶［色補正］をクリック

❷［ハイライト］を右へスライドします

❸ ビデオが明るくなります

2 色あせたシーンを鮮やか補正

撮影したビデオの色があせている場合は、サチュレーションを調整することで色を鮮やかに補正し、料理や風景などがより美しくなります。

❶［色補正］をクリック

❷［サチュレーション］を右へスライドします

❸ ビデオの色が鮮やかになります

Chapter

3

［トランジションのポイント］ iPhone Mac

トランジションのポイント

トランジション機能は映像の素材と素材の間に、さまざまエフェクトを付け加えることです。映像のつなぎ目を
自然に見せる効果や、画像がスライドするエフェクトなど効果的なトランジションの使用方法を学びましょう。

▼ トランジションとは

1 トランジション機能

トランジション機能は映像の素材と素材の間に適用できるエフェクトです。
iPhone版とMac版で使用できる種類が異なります。

トランジション一覧：
iPhone版（11種類）

トランジション一覧：Mac版（24種類）

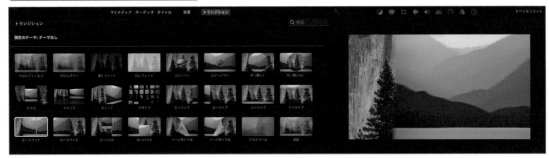

トランジションの効果：左へスライド

▼ トランジションの設定　iPhone版

1 トランジションの設定

編集している2つの素材の間にトランジションを設定することができます。設定する素材の間を選択して、トランジション機能を適用します。

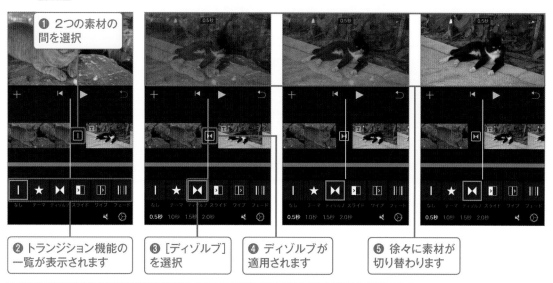

① 2つの素材の間を選択

② トランジション機能の一覧が表示されます

③ [ディゾルブ]を選択

④ ディゾルブが適用されます

⑤ 徐々に素材が切り替わります

2 スライドやワイプを使用する場合

スライドやワイプを適用する場合、[スライド]、[ワイプ]のアイコンは1個しかありませんが、押すたびにエフェクトの向きが右・左・上・下へ切り替わります。

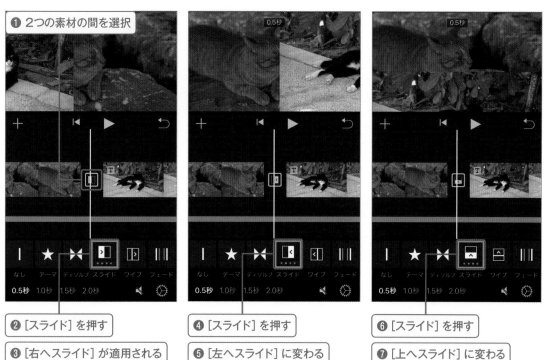

① 2つの素材の間を選択

② [スライド]を押す

③ [右へスライド]が適用される

④ [スライド]を押す

⑤ [左へスライド]に変わる

⑥ [スライド]を押す

⑦ [上へスライド]に変わる

▼ トランジションの設定　Mac版

1 トランジションの設定

トランジションの一覧から、トランジション機能のエフェクトを確認することができます。使用するトランジション機能が決まったら、2つの素材の間にドラッグ＆ドロップして適用することができます。

❶ ［トランジション］をクリック　　❷ トランジションの一覧が表示されます

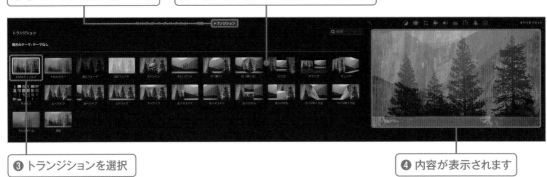

❸ トランジションを選択　　　　　　　　　　　　　　　　❹ 内容が表示されます

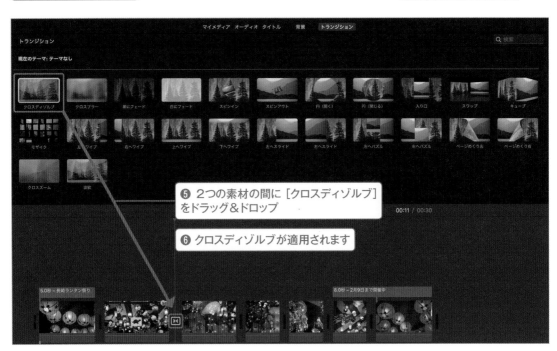

❺ 2つの素材の間に［クロスディゾルブ］をドラッグ＆ドロップ

❻ クロスディゾルブが適用されます

00:11 / 00:30

❼ トランジション：クロスディゾルブ

  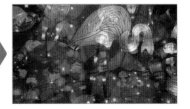

▼ トランジションの選び方

1　シンプルな トランジション

映像やアニメーションなど動きのあるシーンのトランジションは、シンプルなエフェクトを適用するとよいでしょう。

iPhone版：［ディゾルブ］、［フェード］
Mac版：［クロスディゾルブ］、［クロスブラー］、［フェード］

例：ディゾルブ

2　ダイナミックな トランジション

写真やイラストなど動きがないシーンのトランジションは、ダイナミックなエフェクトを使用するとよいでしょう。

iPhone版：［スライド］、［ワイプ］
Mac版：［スライド］、［ワイプ］、［モザイク］

トランジション：右へスライド

トランジション：モザイク

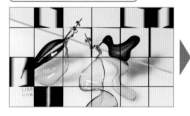  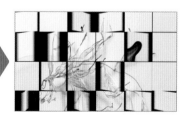

［音楽の調整のコツ］ iPhone　Mac

Chapter 3 音楽の調整のコツ

ビデオの編集技術について解説してきましたが、映像に追加した音楽についてもiMovieで調整することによって、映像全体のクオリティが上がってきます。音楽を調整するコツについて学びましょう。

▼ 音楽のフェードイン・フェードアウトの設定

1 音楽のフェードイン・フェードアウト

映像の終わりでBGMがブチっと切れてしまうとあまり印象がよくありません。映像の最後の部分で音楽にフェードアウト適用すると、音楽のボリュームが徐々に下がり、終わりの印象がよくなります。

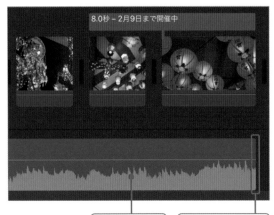
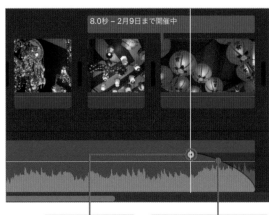

❶ iMovieの
サンプル音楽

❷ 音楽の最後が
切れてしまう

❸ フェードアウト
を適用

❹ 音楽のボリュームが
徐々に小さくなる

ポイント フェードアウトを追加しよう

映像の長さに合わせてBGMをカットしてしまうと、音源が途中で切れてしまい違和感が出てしまうため、基本的にBGMの終わりにはフェードアウトを適用するようにしましょう。また、フェードインについては、使用しているBGMの冒頭が気になる場合は適用してみるとよいでしょう。

フェードインを適用:
iPhoneアプリ版

2 フェードイン・アウトの設定 iPhone版

編集画面のビデオの終わりの部分に移動します。フェードアウトを適用したい音楽を選択し、オーディオ機能の［フェード］で［▼］をドラッグして音楽をフェードアウトさせることができます。

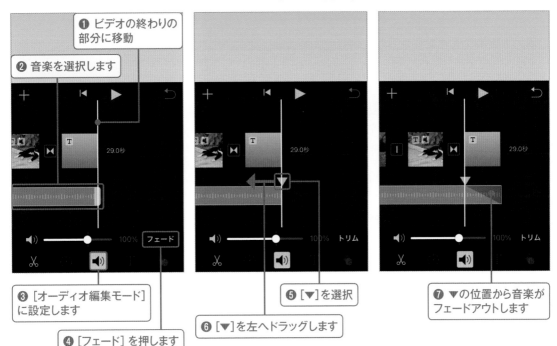

❶ ビデオの終わりの部分に移動

❷ 音楽を選択します

❸［オーディオ編集モード］に設定します

❹［フェード］を押します

❺［▼］を選択

❻［▼］を左へドラッグします

❼ ▼の位置から音楽がフェードアウトします

ポイント

フェードインの設定

フェードインの場合は、［フェード］で音楽の冒頭の部分の［▼］を右へドラッグさせます。

3 フェードイン・アウトの設定 Mac版

編集画面のビデオの終わりの部分に移動します。フェードアウトを適用したい音楽を選択し、オーディオの端にある［○］をドラッグして音楽をフェードアウトさせることができます。

❶ ビデオの終わりの部分に移動

❷ 音楽を選択します

❸ 音楽の端にある［○］を選択します

❹［○］を左へドラッグします

❺ ○の位置から音楽がフェードアウトします

▼ 音楽・音声の音量調整

① 音楽の音量調整 iPhone版

インタビューなどの音声とBGMの両方を映像に入れる場合、BGMの音量が大きいと話が聞き取りづらくなります。そんな時はBGMの音量を下げることで、話しの内容が聞き取りやすくなります。

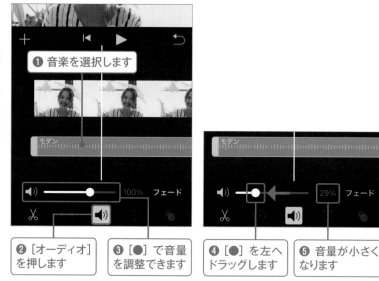

❶ 音楽を選択します

❷ [オーディオ] を押します
❸ [●] で音量を調整できます
❹ [●] を左へドラッグします
❺ 音量が小さくなります

② 音楽の音量調整 Mac版

Mac版では手動での音量調整のほかに、ビデオの [ほかのクリップの音量を下げる] にチェックを入れると、選択したシーンの範囲のみBGMの音量を下げることができます。

❶ 音楽を選択します

音量を調節します

❷ 線を上下することで音量を調整できます
❸ 線を下へドラッグします
❹ 音量が小さくなります

❺ ビデオを選択します
❻ [ボリューム] をクリック
❼ [ほかのクリップの音量を下げる] にチェック

☑ ほかのクリップの音量を下げる:

❽ 選択したシーンのBGMの音量が下がります

3 音声の音量調整 iPhone版

音楽の音量を下げてもまだ会話が聞き取りづらい場合は、撮影したビデオの音声の音量を上げてみましょう。

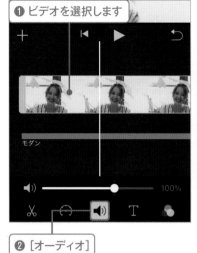

❶ ビデオを選択します

❷［オーディオ］を押します

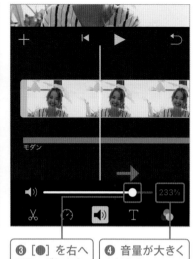

❸［◉］を右へドラッグします

❹ 音量が大きくなります

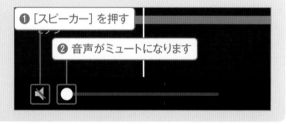

ポイント 音声のミュート

撮影したビデオの音声を使用しない場合は、［スピーカー］アイコンを押すと音声をミュートにすることができます。

❶［スピーカー］を押す

❷ 音声がミュートになります

---

4 音声の音量調整 Mac版

Mac版で、ビデオの音声の音量を調整する際は、配置したビデオの音声部分を上下にドラッグするか、ビデオを選択して［ボリューム］機能で音量を調整することができます。

❶ ビデオを選択します

❷ 線を上下することで音量を調整できます

❸ 線を上へスライドします

❹ 音量が大きくなります

❺［ボリューム］をクリック

❻ 左右にドラッグして音量を調整

［テーマを使用した編集］ iPhone Mac

Chapter 3 「テーマ」を使用して編集してみよう

テーマはムービー編集モードで使用できるテンプレートのようなもので、編集中の映像にテーマを適用するだけで編集中の映像をニュース風、スポーツ番組風に加工することができます。

▼ テーマの設定　iPhone版

1 テーマの効果

編集中の映像にテーマを選んで適用するだけで、選んだテーマのような映像に加工することができます。iPhone版とMac版で使用できるテーマの数や効果が異なりますが、タイトルやトランジションを手軽に加工することができます。

❶ テーマ：iPhone版（7種類）

❷ テーマ：Mac版（14種類）

2 テーマの選択

iPhone版では、まず適用したいテーマ選択し、トランジションとタイトルにテーマの内容が適用されるように設定をおこないます。

❶ ビデオや画像などの素材を配置

❷ 右下の［設定］を押します

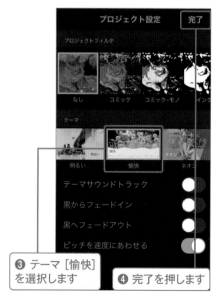

❸ テーマ［愉快］を選択します

❹ 完了を押します

3 トランジションにテーマを適用

トランジションにテーマの内容を反映させるためには、トランジション部分を選択して［テーマ］に設定します。テーマの内容のエフェクトが表示されるようになります。

❺ テーマを適用する素材の間部分を選択

Back to Normal

なし　テーマ　ディゾルブ　スライド　ワイプ　フェード

0.5秒　1.0秒　1.5秒　2.0秒

❻ ［テーマ］を選択

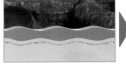

❼ トランジションにテーマが適用されました

4 タイトルにテーマを適用

タイトルにテーマの内容を反映させるためには、［テーマ］のタイトルを選択します。また、スタイルの設定で表示する種類を変更することもできます。

❶ 右側の［テーマ］のタイトルを選択

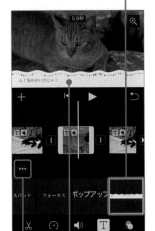

❷ テーマのタイトルが反映されます

❸ スタイルで表示する種類を変更できます

スタイル：オープニング

❮ オプション　**スタイル**

オープニング　✓

ミドル

エンディング

スタイル：エンディング

❮ オプション　**スタイル**

オープニング

ミドル

エンディング　✓

●C3_今日のにゃんこ_テーマ

✦ ポイント

トランジション・タイトルごとに設定

iPhone版ではトランジション・タイトルごとに設定を行う必要があります。また、元のタイトルが複数行の場合、テキストの内容が反映されないことがあるので、テキストを再入力しましょう。

よりスタイリッシュに仕上げるには

▼ テーマの設定　Mac版

1 テーマの選択

Mac版では、ビデオや写真をタイムラインに配置し、[設定] から適用するテーマ選択して [変更] をクリックします。

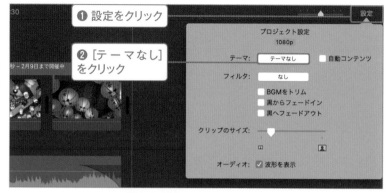

❶ 設定をクリック

❷ [テーマなし] をクリック

プロジェクト設定
1080p

テーマ：　テーマなし　　□ 自動コンテンツ
フィルタ：　なし
□ BGMをトリム
□ 黒からフェードイン
□ 黒へフェードアウト
クリップのサイズ：
オーディオ：　☑ 波形を表示

テーマ

❸ テーマから [ニュース] を選択　❹ [変更] をクリック

テーマなし　　コミックブック　　シンプル
スクラップブック　　ニュース　　ネオン

キャンセル　変更

2 テーマの適用

選択したテーマに合わせて編集中の映像にタイトルやトランジション機能が自動で追加されます。タイトル内のテキストは再度入力する必要があります。

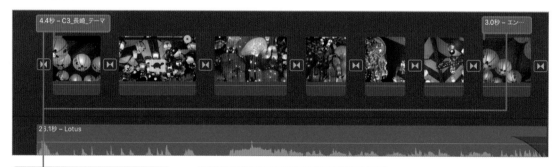

4.4秒 – C3_長崎_テーマ　　　　　　　　　　　　　3.0秒 – エン…

25.1秒 – Lotus

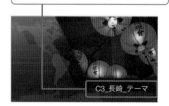

❺ ニュース用のタイトルが追加

C3_長崎_テーマ

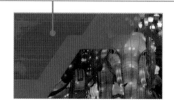

❻ ニュース用のトランジションが追加

●C3_長崎_テーマ

▼ テーマの選び方

1 シンプルで スタイリッシュなテーマ

広告からプロモーションビデオなど幅広い用途で使用できます。

iPhone版：［モダン］、［明るい］、［シンプル］
Mac版：［モダン］、［明るい］、［シンプル］

テーマ：明るい

2 ポップで明るい 印象のテーマ

明るくて楽しい印象なのでSNSへの投稿などにおすすめです。

iPhone版：［ネオン］、［愉快］
Mac版：［ネオン］、［愉快］

テーマ：愉快

3 旅行や思い出の 映像向けのテーマ

旅行や結婚式の思い出などの映像もテーマで手軽に作成できます。

iPhone版：［旅行］
Mac版：［旅行］、［フィルムストリップ］、［フォトアルバム］

テーマ：旅行

［付録の素材を使用した編集方法］ iPhone　Mac

Chapter
3

付録の素材を使用して
編集するには

本書では映像作成で活用できる素材集が付属しています。付属の素材を使用することで、映像を
より見やすく、スタイリッシュに加工できるので、それぞれの素材の用途と使用方法を学びましょう。

▼ 付録の素材集について

**1 付録の素材
の種類**

付録の素材は、「背景」「検索」「帯」「タイトル」の4ジャンルに分かれており、それぞ
れ使用する用途や方法が異なります。素材を活用することで、作成できる映像の幅
が広がりますので、本書のサポートサイトからダウンロードしましょう（P22を参照）。

背景素材：
映像の背景で使用できる画像とビデオの素材です。

検索素材：
映像広告でWeb検索して欲しい場合に使用します。

帯素材：タイトルやテロップを見やすくします。

タイトル素材：タイトルを目立たせる場合に使用します。

付録の素材の種類

素材の種類	背景	検索	帯	タイトル
画像	10	10	32	—
映像	10	8	—	20

▼ 背景素材の使用方法

1 背景素材の追加 iPhone版

付属の背景素材をiPhoneにダウンロードします。素材の追加から使用する素材を選択して［＋］を押すと、付録の素材がタイムラインに読み込まれます。

   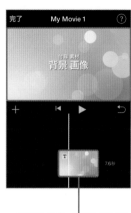

❶ iPhoneに画像素材をダウンロード

❷ ［＋］を押します

❸ 追加する素材を選択

❹ ［＋］を押して素材を追加

❺ 付録の背景素材が追加されます

2 背景素材の追加 Mac版

付属の背景素材をマイメディアに読み込みます。使用する素材をタイムラインにドラッグ＆ドロップします。

❶ 背景素材をマイメディアに読み込む

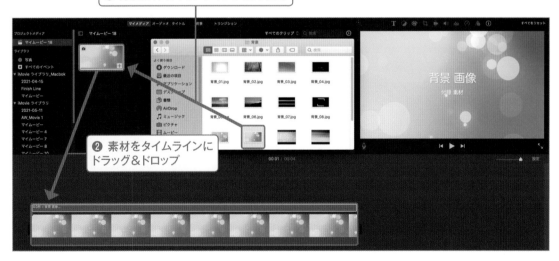

❷ 素材をタイムラインにドラッグ＆ドロップ

ポイント

背景素材の利用

背景素材はタイトルなどの文章を表示する際に、背景で使用するビデオや写真がない場合に使用してみるとよいでしょう。

よりスタイリッシュに仕上げるには

▼ 検索素材の使用方法　iPhone版

1 検索素材の追加

Webなどの動画広告の最後に「……で検索」のような映像を見かけたことがあるかと思います。検索素材を使用することで、そのような映像を作成することができます。

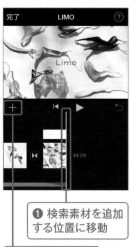

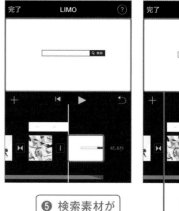
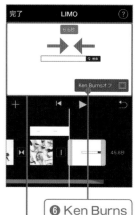

❶ 検索素材を追加する位置に移動

❸ 追加する検索素材を選択

❺ 検索素材が追加されます

❻ Ken Burns をオフにします

❷ [+] を押します

❹ [+] を押します

❼ ピンチしてサイズを画面に合わせます

2 タイトルの追加・設定

検索素材を追加したら、タイトル機能で検索させたいテキストを追加し、タイトルが素材の枠に合うようにサイズと位置を調整します。

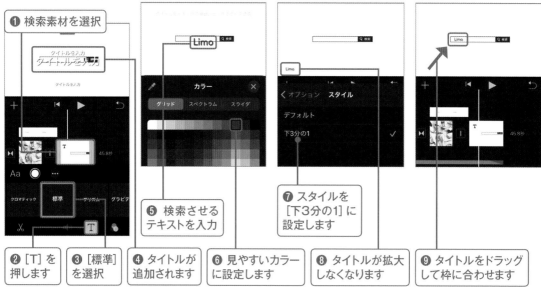

❶ 検索素材を選択

❺ 検索させるテキストを入力

❼ スタイルを [下3分の1] に設定します

❷ [T] を押します

❸ [標準] を選択

❹ タイトルが追加されます

❻ 見やすいカラーに設定します

❽ タイトルが拡大しなくなります

❾ タイトルをドラッグして枠に合わせます

ポイント
映像に検索を追加
広告映像などの最後に「……で検索」というシーンを追加することで、より広告の効果が上がります。

▼ 検索素材の使用方法　Mac版

1 検索素材の追加

マイメディアに使用する検索素材を読み込み、タイムラインにドラッグ＆ドロップして配置します。画像が拡大しないようにクロップの設定から、[フィット] を選択します。

❶ 検索素材を配置します　❷ [クロップ] をクリック　❸ [フィット] をクリック

2 タイトルの追加・設定

検索素材の上の段にタイトル [中心] を追加して検索させたいテキストを入力します。Mac版の場合は、テキストが枠に合うようにスペースを入力して調整します。

❶ タイトル [中心] を検索素材の上の段に配置します

❷ タイトルが追加されます

❸ [左揃え] をクリック

❹ 検索させるテキストを入力

❺ テキストの前にスペースを入力して枠に合うように調整

❻ 検索をクリックするアニメーションができました

ポイント
検索のビデオ素材
検索のビデオ素材は、検索をクリックするアニメーションが含まれています。

▼ 帯素材の使用方法　iPhone版

1 帯素材の追加

帯素材は［グリーン/ブルースクリーン］形式で追加することによって、重ねて表示することができます。iPhone版で使用できる帯素材が少ないので、付録の帯素材を活用してみましょう。

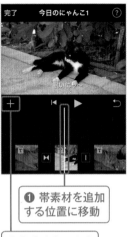

❶ 帯素材を追加する位置に移動

❷ [+] を押します

❸ ペイント風の帯［テロップ_4_黒.png］を使用します

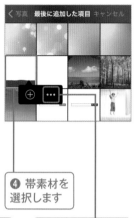

❹ 帯素材を選択します

❺ […] を押します

❻ ［グリーン/ブルースクリーン］を選択します

2 帯素材の長さを調整

帯が追加され、文章が見やすくなります。帯素材の長さをタイトルの長さに合うように両端をドラッグして調整します。

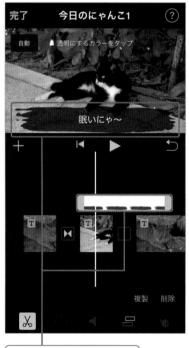

❼ 帯素材が追加されます

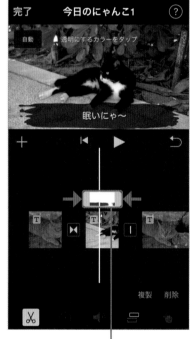

❽ 両端をドラッグして長さを調整します

ポイント

タイトル用の帯

タイトル用の帯も同様の手順で追加することができます。

▼ 帯素材の使用方法　Mac版

1 帯素材の追加

タイトルの場合も背景と同系色の場合、帯を重ねることでタイトルが読みやすくなります。マイメディアに使用する帯素材を読み込み、タイムラインの元の素材の上の段にドラッグ＆ドロップして配置します。

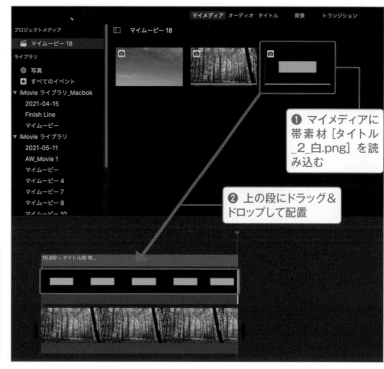

❶ マイメディアに帯素材［タイトル_2_白.png］を読み込む

❷ 上の段にドラッグ＆ドロップして配置

❸ 帯素材が重なり表示されます

2 Ken Burns の解除

Mac版では、帯素材を配置した際にKen Burnsが適用されるので、拡大・縮小しないように解除しておきましょう。また、帯素材のサイズを調整する場合は、オーバーレイ設定から［ピクチャ・イン・ピクチャ］を選択します。

❶［クロップ］をクリック

❷［フィット］をクリック

❸［ビデオオーバーレイ設定］をクリック

❹［ピクチャ・イン・ピクチャ］を選択

❺ 隅をドラッグしてサイズを調整

▽ タイトル素材の使用方法　iPhone版

1 タイトル素材の追加

タイトル素材はタイトルの背景用の素材で、白と緑のビデオがあります。ファイル名が「_Green」のビデオはほかの素材と重ねて合成することが可能です（P112を参照）。

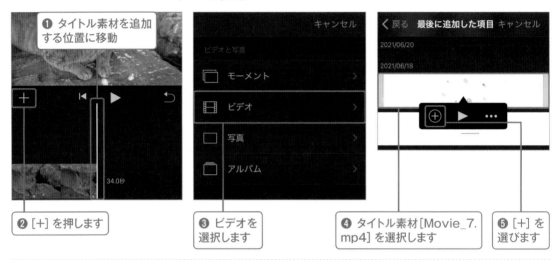

❶ タイトル素材を追加する位置に移動

❷ [+] を押します

❸ ビデオを選択します

❹ タイトル素材[Movie_7. mp4] を選択します

❺ [+] を選びます

2 タイトルを追加・設定

タイトル素材がタイムラインに追加されます。タイトル素材を選択して、タイトルの文章を追加・入力します。タイトル素材は文章を目立たせるビデオになっているので、映像のオープニングやエンディングに活用しましょう。

❻ タイトル素材が追加されます

❼ テキストを追加・入力します

❽ タイトルがにぎやかになります

▼ タイトル素材の使用方法　Mac版

1 タイトル素材の追加

Mac版ではタイトル素材をマイメディアに読み込み、タイムラインに配置します。

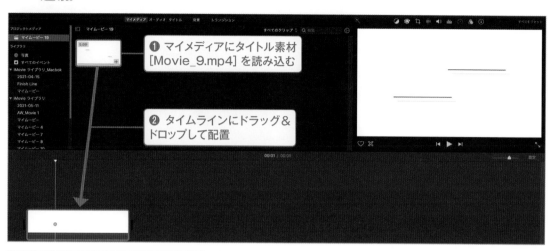

❶ マイメディアにタイトル素材 [Movie_9.mp4] を読み込む

❷ タイムラインにドラッグ＆ドロップして配置

2 タイトルの追加・設定

タイトル素材を配置したら、タイトルを上の段にドラッグ＆ドロップして追加します。テキストが素材のアニメーションの中に入るようにテキストのサイズを調整しましょう。

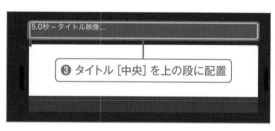

❸ タイトル [中央] を上の段に配置

❹ テキストを入力します

❺ 枠に収まるようにテキストのサイズを調整

❻ タイトルの映像ができました

✍ ポイント

タイトル素材の種類

タイトル素材の種類によってタイトルを囲うアニメーションのサイズが異なるので、選択したタイトル素材に合わせて、テキストのサイズや位置を調整しましょう。

▼ タイトル素材の合成

1 オーバーレイ機能で合成 iPhone版

合成用の緑のタイトル素材は［グリーン/ブルースクリーン］形式で追加することによって、元のビデオに重ねて合成することができます。背景素材と重ねて使用することも可能です。

❶ タイトル素材を追加する位置に移動

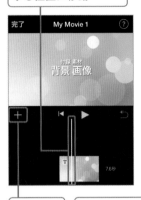

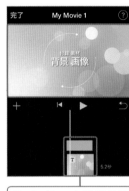

❷ [+] を押します

❸ タイトル素材 [Movie_5_Green.mp4] を選択

❹ […] を押します

❺ [グリーン/ブルースクリーン] を選択

❻ タイトル素材が背景に重なり合成されます

2 オーバーレイ機能で合成 Mac版

合成用の緑のタイトル素材を上の段に配置します。ビデオオーバーレイ機能で［グリーン/ブルースクリーン］を選択すると、元のビデオに重なり合成されます。

❶ タイトル素材 [Movie_6_Green.mp4] を上の段に配置します

❷ タイトル素材を選択

❸ [ビデオオーバーレイ] をクリック

❹ [グリーン/ブルースクリーン] を選択

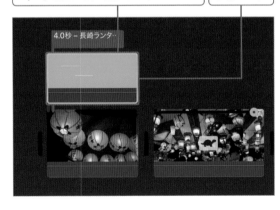

❺ タイトル素材が背景に重なり合成されます

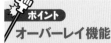

ポイント

オーバーレイ機能

タイトル素材は上の段に配置しないと、選択してもビデオオーバーレイ機能が表示されません。

Chapter
4

ビジネス用の映像を
作成してみよう

［ビジネス用映像の企画・撮影のポイント］ iPhone Mac

ビジネス用の映像の
企画・撮影のポイント

今までは既に撮影したビデオやWebサイトなどの素材を使用して映像を作成してきましたが、
ビジネス・プロモーション用の映像を作成するための企画・撮影のポイントについて解説します。

▼ 企画・構成のポイント

1 映像の 企画・構成

ビジネス用の広告、プロモーション映像を作成する場合は、撮影前にどのような目
的でどんな映像を作成するか企画・構成をまとめてから撮影を行いましょう。

レストランの広告映像

店内の風景やコンセプト

三軒茶屋で地元のお客様が集まる

料理の紹介

一番人気のハラミステーキ

出演者の紹介と事業内容の解説

事業内容の紹介映像

山崎マイク晴樹
iGi 理事長

事業概要の資料

▼ 撮影のポイント

1 撮影場所の準備

撮影する場所（店舗、会議室、スタジオなど）が撮影日に使用可能か事前に確認しておきましょう。屋外での撮影の場合は悪天候の場合もあるので、予備日を設定しておくと安全です。

撮影場所：レストラン
撮影時間：18時〜19時

撮影場所：アートギャラリー
撮影時間：13時〜15時

2 出演者の手配

インタビュー、イベント、セミナーなど、主演者がいる場合は、撮影場所と合わせて出演者のスケジュールを調整しておきましょう。

出演者：関係者のインタビュー
撮影時間：10分〜20分

出演者：アーティスト制作
撮影時間：13時〜15時

✎ ポイント

イベントやセミナーの場合

撮り直しができない当日開催のイベントの場合は、事前に企画・構成をまとめておき、何を撮影すればよいか決めておくと安心です。

[会社や事業紹介の映像を作成しよう]　Mac

会社や事業紹介の映像を作成しよう

会社などの事業内容を紹介する映像を作成します。事業内容についてのインタビューを撮影し、ロゴや資料などを掲載して内容をわかりやすく伝えるコツについて学びましょう。

▼ 映像作成の準備

1 Webサイトをチェック

映像を作成するためにWebサイトを確認して、事業の内容や理念を理解しておきましょう。また、映像内で掲載するための事業概要の資料やロゴなどのデータも準備しておきましょう。

・indie Game incubator
https://igi.dev

使用する素材

Webサイト [静止画・URL]

事業概要の資料 [静止画]

ロゴ [静止画]

インタビュー：出演者 [動画]

▼ 企画・構成

1 企画・構成を考える

インタビューで話している内容に合わせて、事業のインフォグラフィックなどを表示してわかりやすく内容を解説します。また、Webサイトに誘導するために、映像の中でURLも表示すると効果的です。

動画のポイント

❶ 事業の名称やロゴを表示して認知度を上げる

時間：3秒

❷ 出演者の挨拶・紹介

時間：3秒

indie Game incubator

iGi（イギ）とは？

❸ タイトル機能で文章を表示

時間：3秒

動画のポイント

❹ インフォグラフィックなどで事業内容のポイントをわかりやすく解説

時間：10秒

❺ インフォグラフィックを重ねて表示

時間：18秒

indie Game incubator

詳細はWebサイトで
igi.dev

❻ Webサイトに誘導するようにURLを表示

時間：3秒

▼ 撮影のポイント

1 インタビューの撮影

インタビューで話す内容や撮影の時間帯を、事前に出演者と共有してまとめておくと、撮影がスムーズに進みます。インタビューなどは、出演者をバストアップ（胸から上）のサイズで撮影しておくとよいでしょう。

バストアップで撮影

ポイント 撮影の場所

影中に雑音が入らないように、スタジオや会議室など撮影する場所も手配しておきましょう。

撮影の場所

2 機材について

インタビューなど被写体が動かない場合は、三脚を使用して撮影すると、手ぶれがない綺麗なビデオを撮影することができます。また、マイクを使用すると、インタビューの音声もより綺麗に録音することができます。

三脚

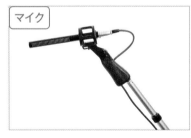
マイク

ポイント 映像のチラつきを防止

カメラで撮影する際は、照明の影響で発生するフリッカーと呼ばれる映像がチラつく現象を防止するため、撮影前に機材のシャッタースピードを設定しておきましょう。

シャッタースピードの設定

地域	東日本	西日本
シャッタースピード 設定	1/50、1/100	1/60、1/120

▼ 素材の読み込み

1 プロジェクトの作成

映像を自由に編集可能な［ムービー］を選択してプロジェクトを作成し、
映像を編集していきます。

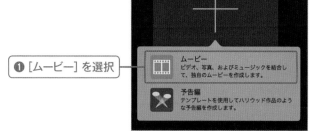

❶ ［ムービー］を選択

	ムービー ビデオ、写真、およびミュージックを結合して、独自のムービーを作成します。
	予告編 テンプレートを使用してハリウッド作品のような予告編を作成します。

2 素材の読み込み

編集画面が表示されたら、［メディアを読み込む］をクリックし、撮影したビデオやロゴ、
資料などの画像素材を選択してiMovieのプロジェクト内に読み込みます。

❶ ［マイメディア］をクリック

❷ ［メディアを読み込む］をクリック

❸ 使用する素材を選択

❹ ［選択した項目を読み込む］をクリック

❺ 素材が読み込まれます

▼ 素材の配置と設定

1 素材の配置

読み込んだ素材を映像の構成に合わせて、ロゴとインタビューのビデオをドラッグ＆ドロップして配置します。

❶ ロゴとインタビューのビデオを選択

❷ ドラッグ＆ドロップして配置します

2 インタビュー映像の調整

撮影したインタビューを再生して使用する箇所を選びます。ビデオの使用しない部分は分割してから削除し、同様の手順でビデオを編集していきます。

❶ インタビューを再生して内容を確認

❷ 使用しない部分の先頭に移動

❸ 右クリックし [クリップを分割] を選択

❹ ビデオが分割されます

❺ 使用しない部分の終わりに移動

❻ 右クリックし [クリップを分割] を選択

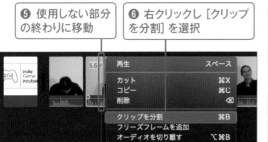

❼ 使用しない部分を選択

❽ [×] キーで削除します

❾ 使用しない部分が削除されます

3 背景の追加

ビデオの調整が終わったら、文章などを表示する箇所に背景の素材を配置します。[背景]の中ら[ホワイト]を選択してドラッグ＆ドロップします。

❶［背景］をクリック　❷［ホワイト］を選択

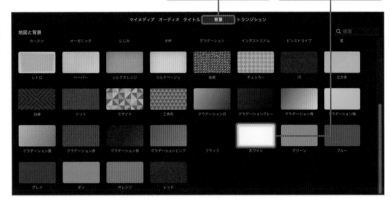

❸ ドラッグ＆ドロップして配置します

4 カラーの自動補正

撮影したインタビューのビデオのカラーを補正することによって、より映像が綺麗になります。ビデオを選択して、[自動調整]をクリックします。

❶ 補正前のビデオ

❷［自動補正］をクリック

❸ ビデオのカラーが自動で補正されます

ポイント

自動補正で綺麗にならない場合

ビデオが自動補正で綺麗にならない場合は、手動でカラーを補正してみましょう（P91を参照）。

▼ タイトルの追加

1 出演者の名前を追加

タイトル機能で、出演者の名前や肩書きを追加します。[タイトル] の中から右下に文章が表示される [下] をビデオの上の段に配置します。名前が見づらい場合は、テキストをアウトライン化してみましょう。

❶ タイトルから [下] を上の段に配置

3.0秒 – 山…

❷ タイトルをダブルクリック

❸ 出演者の名前を入力

フォント: ヒラギノ丸ゴ Pro W4　80　B I O　リセット

すべてをリセット

❹ フォントを選択：[ヒラギノ丸ゴPro W4]

❺ [右揃え] をクリック

❻ テキストをアウトライン化

❼ テキストのカラーを設定

山崎マイク晴樹
iGi 理事長

2 事業内容の文章を追加

事業内容などの文章をタイトル機能で追加します。[タイトル] の中から [中心] を白い背景の上の段に配置します。ロゴのカラーに合わせてテキストの色を変更します。

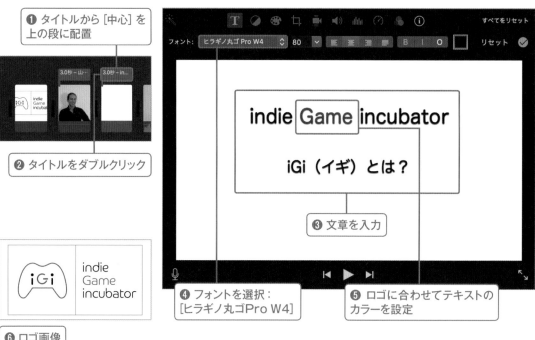

❶ タイトルから [中心] を上の段に配置

3.0秒 – 山…　3.0秒 – in…

❷ タイトルをダブルクリック

フォント: ヒラギノ丸ゴ Pro W4　80　B I O　リセット

すべてをリセット

indie Game incubator

iGi（イギ）とは？

❸ 文章を入力

❹ フォントを選択：[ヒラギノ丸ゴPro W4]

❺ ロゴに合わせてテキストのカラーを設定

iGi　indie Game incubator

❻ ロゴ画像

3 タイトルでWebサイトの紹介

Webサイトに誘導するために、映像の最後でWebサイトのURLを表示すると、広告として効果的です。

❶ タイトルから［中心］を上の段に配置

❷ タイトルをダブルクリック

indie Game incubator

詳細はWebサイトで

igi.dev

❸ 文章を入力

❹ WebサイトのURLを入力

❺ フォントを選択：［ヒラギノ丸ゴPro W4］

❻ ロゴに合わせてテキストのカラーを設定

ポイント　タイトルで文章を表示する際の注意

タイトルでテキストを入力する際に、入力時と入力確定後でテキストの表示される高さが異なるので、入力する際は注意しましょう。

❶ 入力時には、少し高い位置に表示されます

❷ 確定時

▼ 資料や図などを表示

1 資料をそのまま表示

資料や図などをそのまま表示する場合は、インタビューのビデオの上の段に資料の画像を配置します。上の段に配置することで、インタビューの音声もある状態で資料が表示できます。また、画像が拡大しないようにクロップ機能でサイズを調整します。

❶ 資料の画像を
上の段に配置

❷ 資料の画像を
ダブルクリック

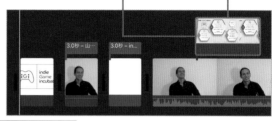

❸［クロップ］をクリック

❹［サイズ調整して
クロップ］をクリック

❺ 資料のサイズを調整します

ポイント

資料表示のポイント
資料や図などはインタビューの内容を確認して、その内容を話している箇所に表示しましょう。

2 資料をオーバーレイ機能で表示

［ビデオオーバーレイ設定］を使用することで、資料の画像をインタビューのビデオに重ねて表示することが可能です。

❶ 資料の画像を
上の段に配置

❷ 画像をダブル
クリック

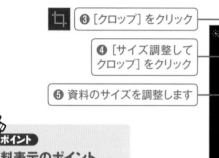

❸［クロップ］
をクリック

❹［フィット］
をクリック

❺［ビデオオーバー
レイ設定］をクリック

❻［ピクチャ・イン・
ピクチャ］を選択

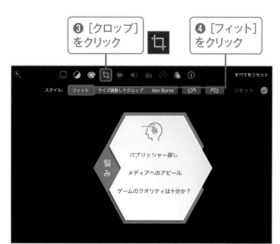

❼ 画像が重なって
表示されます

❽ ドラッグしてサイズと
位置を調整

▼ オーディオの追加

1 オーディオの選択

映像が編集できたらBGMを追加します。インタビューの時間が長いので、BGMは長さが合うものから選択します。ここでは［Fifth Avenue Stroll］を使用します。

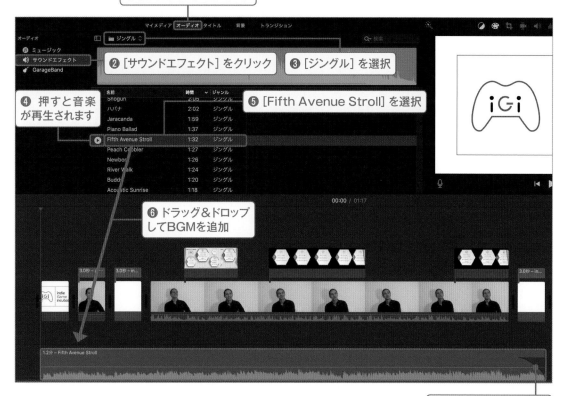

❶ ［オーディオ］をクリック

❷ ［サウンドエフェクト］をクリック　❸ ［ジングル］を選択

❹ 押すと音楽が再生されます

❺ ［Fifth Avenue Stroll］を選択

❻ ドラッグ＆ドロップしてBGMを追加

❼ フェードアウトを設定

ポイント　BGMの音量を下げる

インタビューなど人の音声がある場合は、BGMのボリュームを少し下げると、音声が聞き取りやすくなります。

❷ 編集した映像

❶ ボリュームを下へドラッグ

●C4_iGi

［セミナーの映像を作成しよう］ **Mac**

Chapter 4 セミナーの映像を作成しよう

セミナーの登壇者を撮影して映像を編集します。セミナーのタイトルや解説中のポイント・キーワードをテロップで表示して、セミナーの内容をわかりやすく伝えるコツについて学びましょう。

▼ 映像作成の準備

1 セミナーの内容をチェック

映像を作成するために、登壇者がセミナーでどの様な内容の話をするのか、Webサイトなどを確認して、登壇者のプロフィールやセミナーの資料などを確認しておきましょう。また、映像内で表示するロゴや画像も準備しておくとよいでしょう。

・tagboat
http://www.tagboat.com

使用する素材

[Webサイト] ［テキスト］

[ロゴ] ［静止画］

セミナー内容：書籍 ［静止画］

セミナー：登壇者
［動画］

▼ 企画・構成

1 企画・構成を考える

冒頭でロゴやセミナーのタイトルを表示します。セミナー本編が開始したら登壇者を紹介し、セミナーの中で特に重要なポイントやキーワードについてはテロップで表示すると効果的です。より詳しい内容や続編を伝えるために、登壇者の書籍などの紹介をするとよいでしょう。

❶ ロゴを表示します　　　　時間：4秒

現代アートと投資

❷ セミナー内容をタイトルで表示　　時間：4秒

tagboat 代表
徳光 健治

❸ 登壇者の紹介　　　　時間：9秒

❹ 登壇者のセミナー　　　時間：6分

アートの価値は何で決定するのか？

動画のポイント

❺ セミナーの重要なポイントはテロップで表示　　時間：7秒

知識ゼロからはじめる
現代アート投資の教科書

徳光 健治

9月17日 発売

❻ 登壇者の書籍を紹介　　　時間：7秒

▼ 撮影のポイント

1 セミナーの撮影

セミナーのビデオを撮影する際は、登壇者が座っている状態か、立っている状態かで、ビデオのサイズを調整し、プロジェクターやホワイトボードなどを使用している場合は、それらが入るサイズで撮影しておきましょう。また、フリッカー（光の明滅）にも注意しましょう（P118を参照）。

座った状態で撮影

立った状態で撮影

2 機材について

セミナーの場合は、長時間の撮影となるのでカメラを三脚に固定して撮影するようにしましょう。また、セミナーが数時間に及ぶ場合は、バッテリーが切れてしまうので、電源に接続した状態で録画しましょう。

三脚で撮影

ポイント　カメラの録画時間

一眼カメラを使用する際、数年前のモデルだと動画の最長撮影時間が29分59秒になっている場合があるので、撮影前に確認しておきましょう。また、長時間録画する場合はSDカードの容量に空きがあるか確認しておきましょう。

一眼カメラ

SDカード

▼ 素材の読み込み

1 プロジェクトの作成

映像を自由に編集可能な [ムービー] を選択してプロジェクトを作成し、映像を編集していきます。

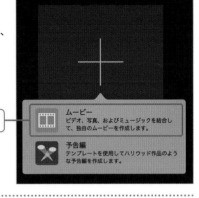

❶ [ムービー] をクリック

ムービー
ビデオ、写真、およびミュージックを結合して、独自のムービーを作成します。

予告編
テンプレートを使用してハリウッド作品のような予告編を作成します。

2 素材の読み込み

編集画面が表示されたら、[メディアを読み込む] をクリックし、撮影したビデオやロゴなどの画像素材を選択して、iMovieのプロジェクト内に読み込みます。

❶ [マイメディア] をクリック

❷ [メディアを読み込む] をクリック

マイメディア　オーディオ　タイトル　　背景　　トランジション

マイムービー 22

メディアを読み込む

❸ 使用する素材を選択

❹ [選択した項目を読み込む] をクリック

❺ 素材が読み込まれます

▼ 素材の配置と設定

1 素材の配置

読み込んだ素材を映像の構成に合わせて、ロゴ画像とセミナーのビデオをドラッグ＆ドロップして配置します。

❶ ロゴとセミナーの
ビデオを選択

❷ ドラッグ＆ドロップして配置します

❸ 構成に合わせて素材を並べます

2 セミナー映像の調整

撮影したセミナー映像を再生して使用する箇所を選びます。ビデオの前後をドラッグして、セミナーの開始と終了の位置を調整しましょう。

❹ 再生して内容を確認

❺ 右へドラッグしてセミナーの開始位置を調整

❻ 左へドラッグしてセミナーの終了位置を調整

③ 背景の追加

次にセミナーのタイトルなどを表示する箇所に背景の素材を配置します。[背景]から[ホワイト]を選択してドラッグ＆ドロップします。

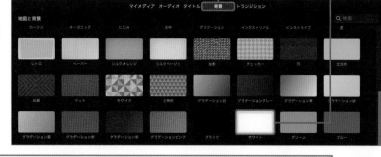

❼ [背景]をクリック　❽ [ホワイト]を選択

❾ ドラッグ＆ドロップして配置します

④ カラーの自動補正

撮影したセミナーのビデオのカラーを補正することによって、より映像が綺麗になります。ビデオが自動補正で綺麗にならない場合は、手動でカラーを補正してみましょう（P91を参照）。

❿ [自動補正]をクリック　⓫ ビデオが自動で補正されます

▼ 雑音を消すには

① ノイズ音の除去

セミナーやインタビュー中の背景の雑音（空調や風の音など）は[ノイズリダクション]の機能を使用して軽減することができます。

❶ [ノイズリダクションおよびイコライザ]をクリック

❷ [背景ノイズを軽減]にチェック

❸ 再生するとノイズ音が軽減されています

▼ タイトルの追加

1 セミナー名を追加

タイトル機能で、セミナーのタイトルを追加します。[タイトル] の中から [中心] を白い背景の上の段に配置します。セミナーのタイトルが見やすいように、フォントのサイズを大きくしておきましょう。

❶ タイトルから [中心] を上の段に配置

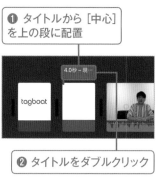

❷ タイトルをダブルクリック

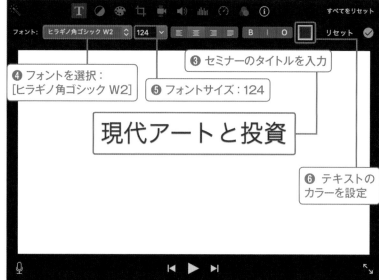

❸ セミナーのタイトルを入力

❹ フォントを選択：[ヒラギノ角ゴシック W2]

❺ フォントサイズ：124

❻ テキストのカラーを設定

---

2 登壇者名を追加

セミナーの登壇者の名前や役職をタイトル機能で追加します。[タイトル] の中から [上] をビデオの上の段に配置します。テキストを表示する高さは、改行して調整することができます。

❶ タイトルから [上] を上の段に配置

❷ タイトルをダブルクリック

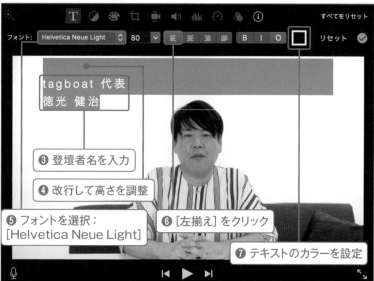

❸ 登壇者名を入力

❹ 改行して高さを調整

❺ フォントを選択：[Helvetica Neue Light]

❻ [左揃え] をクリック

❼ テキストのカラーを設定

3 ポイント・キーワードの追加

セミナー内のポイントやキーワードをテロップで表示すると、より内容が目立つようになります。テロップが見づらい場合は、テキストをアウトライン化してみましょう。

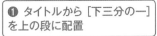
❶ タイトルから［下三分の一］を上の段に配置

❷ タイトルをダブルクリック

❸ ポイントを入力
❹ フォントを選択：［ヒラギノ角ゴ StdN W8］
❺ ［アウトライン化］をクリック
❻ テキストのカラーを設定

アートの価値は何で決定するのか？

4 書籍広告の追加

セミナーのビデオの後に、登壇者の書籍の広告を表示します。書籍の画像を左側に配置するため、書籍のタイトルや発売日などを右側に配置しておきます。

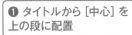
❶ タイトルから［中心］を上の段に配置

❷ タイトルをダブルクリック

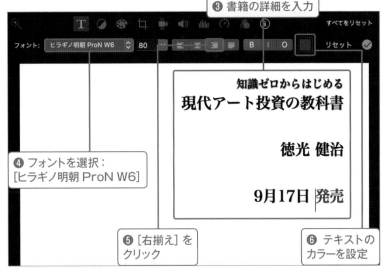
❸ 書籍の詳細を入力
❹ フォントを選択：［ヒラギノ明朝 ProN W6］
❺ ［右揃え］をクリック
❻ テキストのカラーを設定

知識ゼロからはじめる
現代アート投資の教科書
徳光 健治
9月17日 発売

ポイント
タイトル入力時の表示

タイトル機能でテキストを入力する際は、テキストが実際の映像の位置より少し高い位置で表示されます。入力後に映像を再生して高さを確認しましょう。

▼ 広告画像の表示

1 書籍の画像を追加

書籍の表紙画像を広告部分に追加します。画像が拡大・スライドしないように、クロップ機能で［フィット］を選択します。

❶ 書籍の画像を上の段に配置 ❷ 書籍の画像をダブルクリック ❸［クロップ］をクリック ❹［フィット］をクリック

2 オーバーレイ機能で影を追加

❶［ビデオオーバーレイ設定］をクリック

[ビデオオーバーレイ設定]を使用して書籍の画像を重ねて表示します。書籍の画像と背景が同色で同化してしまうので、[シャドウ]を設定すると影が追加されて画像が見やすくなります。

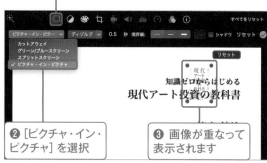

❷［ピクチャ・イン・ピクチャ］を選択

❸ 画像が重なって表示されます

❹ ドラッグしてサイズと位置を調整します

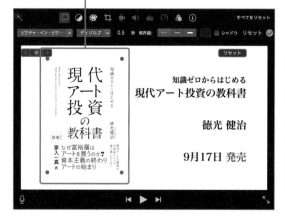

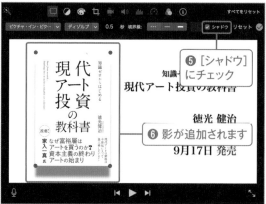

❺［シャドウ］にチェック

❻ 影が追加されます

▽ オーディオの追加

1 ジングルの追加①

セミナーのシーンでは、BGMを入れない方が音声は聞き取りやすいので、冒頭部分と最後にジングルを追加します。[ジングル]の曲を再生して確認し、セミナーに合うものを選択します。ここでは[Gleaming Short]を使用します。

❶ [オーディオ]をクリック

❷ [サウンドエフェクト]をクリック

❸ [ジングル]を選択

❹ 押すと音楽が再生されます

❺ [Gleaming Short]を選択

❻ ドラッグ&ドロップして音楽を追加

❼ フェードアウトを設定

2 ジングルの追加②

同様の手順で最後の部分にも同じジングルを追加します。書籍の広告を表示する際にジングルを追加することで、視聴者の興味を引くことができます。

❶ ドラッグ&ドロップして音楽を追加

❷ フェードアウトを設定

❸ 編集した映像

●C4_tagboat セミナー

[店舗紹介の映像を作成しよう] **iPhone**

Chapter 4 店舗紹介の映像を作成しよう

YouTubeやInstagramにレストランなどの店舗の映像広告を投稿するため、iPhoneで撮影・編集してみましょう。ビデオを撮影する際のポイントや、店舗の集客を増やすための映像のコツについて学びましょう。

▼ 映像作成の準備

1 店舗のSNSをチェック

映像を作成するために店舗のSNSなどを確認して、店舗の雰囲気やコンセプトを理解しておきましょう。また、オススメの料理もチェックしておき、映像に取り入れるとよいでしょう。

・Comodo kitchen
https://www.instagram.com/comodo.kitchen/

使用する素材

 店舗のSNS [テキスト]

店舗のコンセプト [テキスト]

Concept

コンセプト

三軒茶屋で地元のお客様が集まる
カジュアルなイタリアンレストラン

 オススメの料理 [静止画・動画]

 ロゴ画像 [静止画]

▼ 企画・構成

1 企画・構成を考える

落ち着いた雰囲気のイタリアンレストランなので、店内の様子やオススメの料理などを中心に、エフェクトなどはあまり使用せず、落ち着いたイメージの映像に仕上げます。

❶ 店内の映像やロゴなどを表示して、店舗の印象を伝える　　時間：4秒

❷ 店舗のコンセプトを表示　　時間：4秒

❸ コンセプトに合う映像を表示します　　時間：4秒

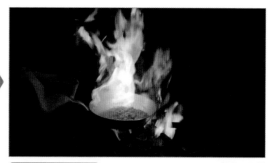

❹ 調理中の映像　　時間：3秒

動画のポイント

❺ 飲食店ではオススメのメニューを積極的に使います　　時間：3秒

❻ 最後に店名を表示　　時間：4秒

▼ 撮影のポイント

1 店舗の撮影

店舗の雰囲気を伝えるために、店内のビデオや写真を撮影します。カメラをスライドさせて店内をビデオ撮影したり、見栄えのよい角度から写真を撮影したりすると、素材として効果的です。

カメラを横にスライドして店内のビデオを撮影

ポイント

4Kで撮影

ビデオを撮影する際に4Kで撮影しておくと、編集時にビデオを拡大して使用しても、よい画質で表示することができます。

2 料理の撮影

特に人気の料理や、調理中の様子なども撮影してみましょう。肉を焼いて煙が出ているシーンや、ピザのチーズが伸びるシーンなど、食欲をそそるような映像を撮影すると広告として効果的です。

調理中の料理

完成した料理

  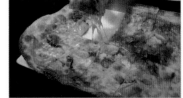

▼ 素材の読み込み

1 プロジェクトの作成

映像を自由に編集可能な［ムービー］を選択してプロジェクトを作成し、映像を編集していきます。

❶［ムービー］を選択します

2 素材の読み込み

iPhoneで撮影した素材の中から編集で使用する素材を選択し、［ムービーを作成］を押します。選択した素材が読み込まれ、プロジェクトが作成されます。

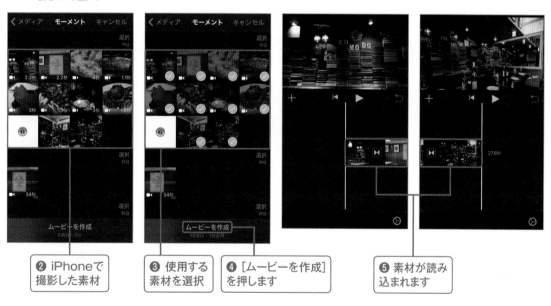

❷ iPhoneで撮影した素材

❸ 使用する素材を選択

❹［ムービーを作成］を押します

❺ 素材が読み込まれます

 ポイント

ロゴ素材の読み込み

ロゴ素材は重ねて表示するため、後から読み込みます。

▼ 素材の配置と設定

1 素材の配置と長さの調整

読み込んだ素材を、映像の構成に合わせて順番に配置していきます。並べた各素材の両端をドラッグして、ビデオで表示したい部分を調整します。

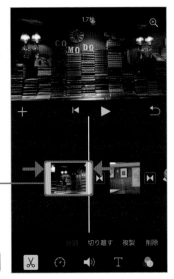

ポイント

素材の移動

各素材は選択してドラッグすることで、配置を移動することができます（P32を参照）。

❶ 素材の配置

❷ 両端をドラッグして長さを調整

2 ディゾルブの解除

素材を読み込んだ際に自動でディゾルブが設定された場合、使用しないディゾルブを解除しておきましょう。

❶ 映像の間を選択

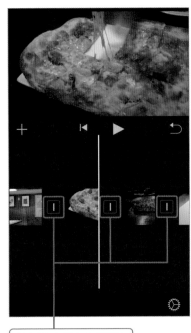

❷ [なし]を選択

❸ ディゾルブが解除されます

❹ ほかの部分も同様にディゾルブを解除

3 速度の調整

カメラを左右にスライドして店内や料理を撮影した場合、手で動かして撮影すると、カメラワークが速くなってしまうことがあります。このような場合は速度の調整でスローを適用してみましょう。

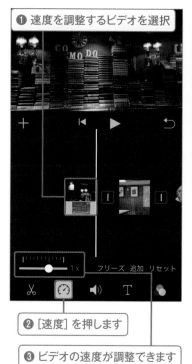

❶ 速度を調整するビデオを選択

❹ 左へドラッグして[1/2]に設定

❷ [速度] を押します

❸ ビデオの速度が調整できます

❺ 店内がゆっくりスライドして表示されます

❻ 料理などのビデオも同様にスローにします

4 ロゴの追加

冒頭のシーンにロゴ画像を追加します。追加する際にオプションから [ピクチャ・イン・ピクチャ] を選択すると、ロゴを重ねて表示することができます (P224を参照)。

❶ [+] を押します

❺ [矢印] を押します

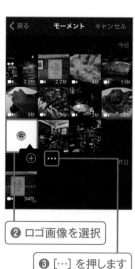

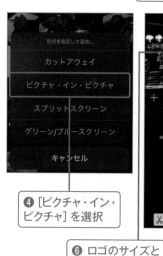

❷ ロゴ画像を選択

❸ […] を押します

❹ [ピクチャ・イン・ピクチャ] を選択

❻ ロゴのサイズと位置を調整

❼ ロゴを表示する長さを調整

5 サイズの調整

撮影したビデオに余分な物が映り込んでいた場合や、アップで見せたいシーンなどは、ピンチでビデオを拡大してサイズを調整しましょう。

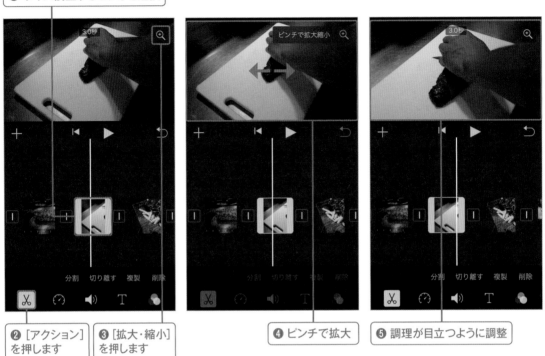

❶ サイズ調整するビデオを選択

❷ [アクション]を押します

❸ [拡大・縮小]を押します

❹ ピンチで拡大

❺ 調理が目立つように調整

6 音声のミュート設定

後ほど映像にBGMを入れるので、撮影したビデオの音声をすべてミュートに設定しておきます。

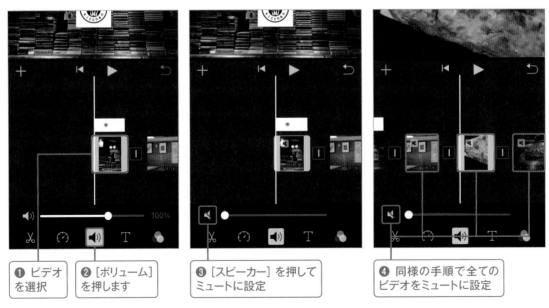

❶ ビデオを選択

❷ [ボリューム]を押します

❸ [スピーカー]を押してミュートに設定

❹ 同様の手順で全てのビデオをミュートに設定

▼ タイトルの追加

1 コンセプトを文章で表示①

店舗のコンセプトや紹介をタイトル機能で追加します。文章が長い場合は、文章を分けて2個のビデオにそれぞれタイトルを作成して表示するとよいでしょう。

Concept

コンセプト

| 店舗のコンセプト |
| 三軒茶屋で地元のお客様が集まる |
| カジュアルなイタリアンレストラン |

❹ タイトルが追加されます

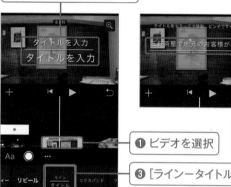

❶ ビデオを選択

❸ [ライン-タイトル] を選択

❷ [T] を押します

❺ コンセプトの文章を入力

❻ ピンチでサイズと位置を調整

❼ [クリップの最後まで継続] をオン

ポイント

タイトルを最後まで表示

映像の途中で表示している文章が消えないように、追加したタイトルにオプションの設定から [クリップの最後まで継続] をオンにしておきましょう。

2 コンセプトを文章で表示②

コンセプトの続きの文章も同様の手順で次のビデオにタイトルを追加して表示します。

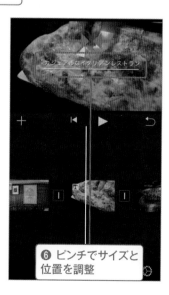

❶ ビデオを選択

❷ [T] を押します

❸ [ライン-タイトル] を選択

❹ 文章を入力

❺ オプションを表示

❻ ピンチでサイズと位置を調整

143

3 テロップで料理の紹介

料理の紹介をテロップで表示します。タイトルを追加してから、オプションのスタイルで [下3分の1] を選択すると、テキストが下部に表示されます。

❶ ビデオを選択

❷ [T] を押します

❸ [ライン－タイトル] を選択

❹ 料理の紹介文を入力

❺ オプションを表示

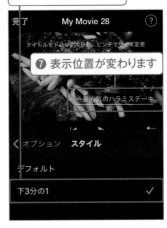

❻ [下3分の1] を選択

❼ 表示位置が変わります

❽ 同様の手順でほかの料理も文章を追加

❾ [クリップの最後まで継続] をオン

ポイント 2段で文章を表示

[ライン－タイトル] のタイトルでは2段でテキストを表示できるので、下の段に価格を表示することも可能です。

下の段に価格を表示

4 タイトルで店名を追加

最後のシーンにタイトルを追加し、店名を表示します。店名が英数字表記の場合は様々なフォントを使用することができます。

❶ ビデオを選択

❷ [T] を押します

❸ [標準] を選択

❹ 店名を入力

❺ [フォント] を押します

❻ フォントを選択

▼ オーディオの追加

1 オーディオの選択

映像が編集できたらBGMを選び追加します。[サウンドトラック]の曲を再生して確認し、店舗のイメージに合うように[Back To The Lounge]を使用します。

❶ [+] を押します

❷ [オーディオ]を選択

❸ [サウンドトラック]を選択

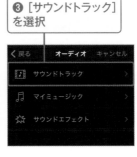

❹ [Back To The Lounge]を選択

❺ [+] を押して音楽を追加

2 オーディオの追加

選択した音楽が緑のラインで追加されます。BGMの最後にはフェードアウトを設定しましょう（P97を参照）。

❶ [Back To The Lounge]が追加されます

❷ フェードアウトを設定

●C4_レストラン

[アーティストのイベント告知用映像を作成しよう] iPhone

Chapter 4
イベント告知用の映像を作成しよう

アーティストのイベント用ビデオをiPhoneで撮影・編集します。アーティストのWebサイトや展示の内容などを参考にして、どのようにビデオの撮影・映像作成していくかを解説します。

▼ 映像作成の準備

1 Webサイト・広告をチェック

映像を作成するために、アーティストのWebサイトや展示の広告を確認して、アーティストの作風やコンセプトを理解しておきましょう。また、撮影する場所もチェックしてどのアングルから撮影するかも考えておきましょう。

・Hiroko Tokunaga
https://www.hirokotokunaga.com

使用する素材

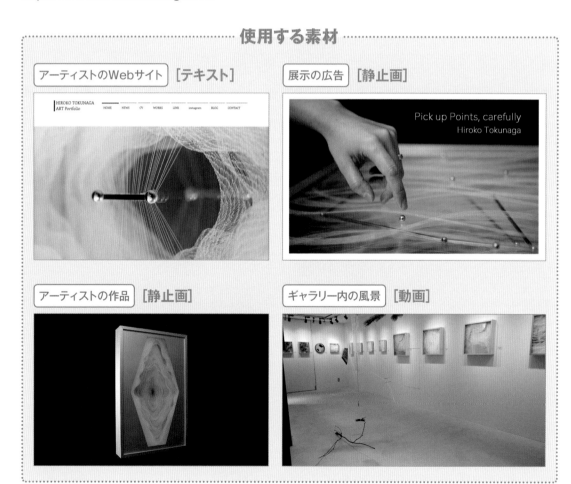

アーティストのWebサイト [テキスト]

展示の広告 [静止画]

Pick up Points, carefully
Hiroko Tokunaga

アーティストの作品 [静止画]

ギャラリー内の風景 [動画]

▼ 企画・構成

1 企画・構成を考える

今回は、アーティストの作風がクールな印象なので、映像もシンプルな構成にします。また、テーマのテンプレートから［モダン］を適用して、スタイリッシュな雰囲気に仕上げていきます。

［モダン］のテンプレート

プロジェクト設定　　完了

プロジェクトフィルタ

なし　　コミック　　コミック-モノ　　イン

テーマ

モダン　　　　明るい　　　　愉快

ポイント

プロモーションビデオのコツ
アーティストの作品、名前、イベント名が印象に残るように、オープニングやエンディングで表示すると効果的です。

動画のポイント

❶ 展示のタイトルや作品を表示しましょう

Pick up points, carefully

時間：4秒

❷ 制作開始

時間：4秒

❸ アーティストの表情

時間：3秒

❹ 制作中の様子

時間：4秒

❺ アーティスト名や展示会場を表示

Hiroko Tokunaga @ tagboat

時間：4秒

▼ 撮影のポイント

1 制作風景の撮影

制作の開始から完成までを撮影しておきます。手元のアップやアーティストの表情など様々なアングルでビデオを撮影しておきましょう。また、撮影が数時間になりそうな場合はモバイルバッテリーを用意しておくとよいでしょう。

❶ 制作開始時の様子

❷ 手元のアップ

❸ 制作中のアーティストの表情

❹ 様々なアングルから撮影

Pick up points, carefully
Hikeko Tokunaga
2019.12.20-2020.1.23

ポイント
4Kで撮影
ビデオを撮影する際に4Kで撮影しておくと、編集時にビデオを拡大して使用しても、よい画質で表示することができます。

2 撮影の機材

ギャラリー内では動きながら制作するアーティストを撮影するので、このような動きの多い撮影の場合はiPhoneにジンバルを付けて撮影すると、手ぶれの無い綺麗なビデオを撮影することができます。

iPhoneとジンバル

▼ 素材の読み込み

1 プロジェクトの作成

映像を自由に編集可能な［ムービー］を選択してプロジェクトを作成し、
テーマを適用して映像を編集していきます。

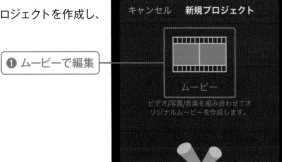

❶ ムービーで編集

---

2 素材の 読み込み

iPhoneで撮影した素材の中から編集で使用する素材を選択し、［ムービーを作成］を
押します。選択した素材が読み込まれ、プロジェクトが作成されます。

❷ iPhoneで撮影した素材　　**❸ 使用する素材を選択**

❹ ［ムービーを作成］を押します　　**❺ 素材が読み込まれます**

ポイント

素材の選択

撮影したビデオで使用する素材が決まっている場合は、最初にすべて選択してプロジェクトを作成すると効率的です。

▼ 素材の配置と設定

1 素材の配置と長さの調整

読み込んだ素材を、映像の構成に合わせて順番に配置していきます。撮影したビデオは時系列に沿って並べていくとよいでしょう。並べた各ビデオの両端をドラッグして、映像で表示したい部分を調整します。

ポイント

素材の移動

各素材は選択してドラッグすることで、配置を移動することができます（P32を参照）。

❶ 素材の配置

❷ 両端をドラッグして長さを調整

2 ビデオのサイズ調整

撮影したビデオに余分な物が映り込んでしまった場合、ピンチでビデオのサイズを調整して、余分な部分をカットすることができます。

❶ 椅子などが映り込んでいる

❷ ビデオを選択

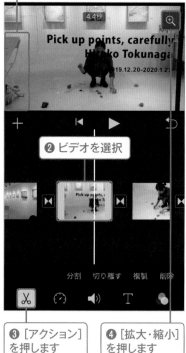

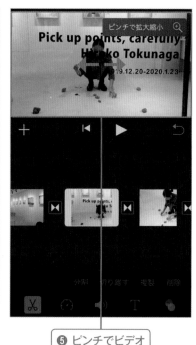

❸ ［アクション］を押します

❹ ［拡大・縮小］を押します

❺ ピンチでビデオを拡大

3　音声の ミュート設定

後ほど映像にBGMを入れるため、ここでは撮影したビデオの音声をすべてミュートに設定します。

❶ ビデオを選択　❷ [ボリューム] を押します

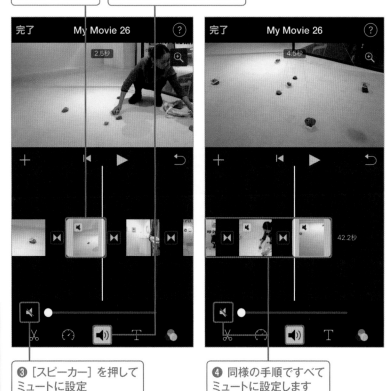

ポイント
ミュートの設定
制作中の音声を残したい場合は、音声をミュートに設定する必要はありません。

❸ [スピーカー] を押してミュートに設定

❹ 同様の手順ですべてミュートに設定します

4　テーマの設定

今回の編集ではテーマを適用してエフェクトなどを設定します。プロジェクトの設定から適用するテーマを選択します。ここではアーティスの印象に合うように [モダン] を設定します。

❶ [プロジェクトの設定] を押します

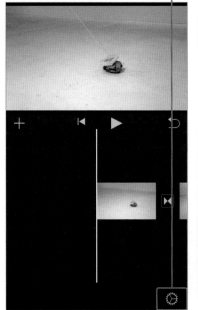

ポイント
テーマの設定
テーマを設定することで、テーマに沿ったエフェクトが適用されるようになります(P100を参照)。

❷ [モダン] を選択　❸ [完了] を押す

▼ トランジションの設定

1 トランジションの設定①

映像のトランジションを設定します。冒頭と最後の部分のトランジションに[テーマ]を適用します。プロジェクトの設定で選択したテーマ[モダン]のエフェクトがトランジションに表示されます。

① 冒頭のトランジションを選択　② [テーマ]を選択します　⑤ 最後のトランジションを選択　⑥ [テーマ]を選択します

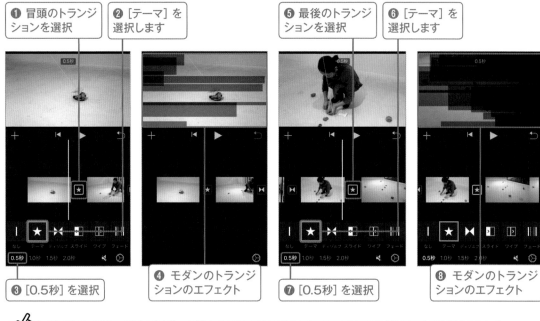

③ [0.5秒]を選択　④ モダンのトランジションのエフェクト　⑦ [0.5秒]を選択　⑧ モダンのトランジションのエフェクト

ポイント

トランジションのテーマ

トランジションでテーマを選択した場合は、プロジェクトの設定で選択したテーマによってエフェクトの表示が変わります。

2 トランジションの設定②

ほかのトランジションについてはシンプルな[ディゾルブ]を設定します。

① トランジションを選択

② [ディゾルブ]を選択します

④ 同様の手順で[ディゾルブ]を設定します

③ [0.5秒]を選択

▼ タイトルの追加

1 オープニングタイトルの追加・設定

映像の冒頭にタイトルを追加します。一覧の右側がテーマ用のタイトルとなり、スタイル設定からオープニング用の表示に変更することができます。展示のイベント名などを表示しましょう。

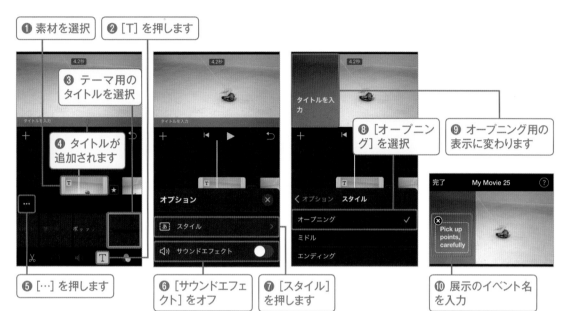

❶ 素材を選択　❷ [T] を押します
❸ テーマ用のタイトルを選択
❹ タイトルが追加されます
❺ [...] を押します
❻ [サウンドエフェクト] をオフ
❼ [スタイル] を押します
❽ [オープニング] を選択
❾ オープニング用の表示に変わります
❿ 展示のイベント名を入力

2 エンディングタイトルの追加・設定

エンディング用のタイトルを追加します。スタイルからエンディング用の表示に変更することができます。アーティスト名や展示会場を表示します。

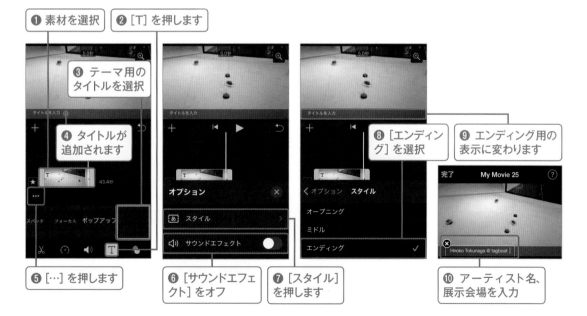

❶ 素材を選択　❷ [T] を押します
❸ テーマ用のタイトルを選択
❹ タイトルが追加されます
❺ [...] を押します
❻ [サウンドエフェクト] をオフ
❼ [スタイル] を押します
❽ [エンディング] を選択
❾ エンディング用の表示に変わります
❿ アーティスト名、展示会場を入力

オーディオの追加

1 オーディオの選択

映像が編集できたらBGMを追加します。[サウンドトラック]の曲を再生して確認し、アーティストの展示の印象に合うように [From The Earth] を使用します。

❶ [+] を押します

❷ [オーディオ] を選択

❸ [サウンドトラック] を選択

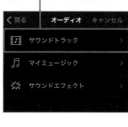

❹ [From The Earth] を選択

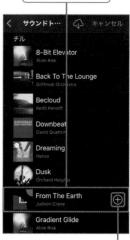

❺ [+] を押して音楽を追加します

2 オーディオの追加

選択した音楽が緑のラインで追加されます。BGMの最後にはフェードアウトを設定しましょう（P96を参照）。

●C4_イベント

❶ [From The Earth] が追加されます

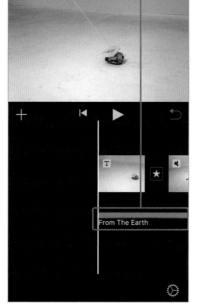

❷ フェードアウトを設定

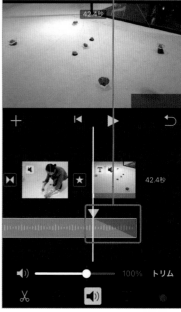

［画像広告の素材を利用しよう］ iPhone Mac

Chapter 4

画像やイラストを利用してみよう

専用の動画を撮影することができない場合、Webサイトや画像広告の写真、イラスト、ロゴのデータを利用して広告映像を作ることもできます。ここでは画像素材をもとにした映像編集を紹介します。

▽ 素材の利用

1 Webサイト・画像広告の素材

自社Webサイトや画像広告などから、映像に使用できそうな写真、イラスト、ロゴや表示したい文章などをピックアップしてみましょう。画像素材を切り替えて表示するので5〜10個ぐらいを目安に準備しておくとよいでしょう。

広告のイラスト素材

Webサイトの写真素材

CHECK!
使用する素材をまとめておく

ブランドのロゴ素材

ポイント iMovieで使用できる画像形式について

ロゴ、イラストなどの画像データをiMovieで使用する場合、Illustratorで作成した［.ai］形式のデータは使用できないので注意しましょう。［.ai］形式から［.png］形式に変換すると使用できるようになります。

iMovieで使用できる画像形式

- BMP ・PSD
- GIF ・RAW
- HEIF ・TGA
- JPEG ・TIFF
- PNG

▼ 画像素材で作成する映像のポイント

ポイント1

タイトルのアニメーションで テキストに動きを追加

タイトルのアニメーションを使用してテキストを動かして表示することで、タイトルや文章を目立たせて、より内容が印象に残るようになります。

タイトルアニメーション：ポップアップ

ポイント2

Ken Burnsで 画像素材に動きを追加

Ken Burnsの機能を使用することで、画像素材を徐々に拡大・縮小して表示したり、上下・左右へスライドしたりする動きを追加でき、テンポのよい映像に仕上げることができます。

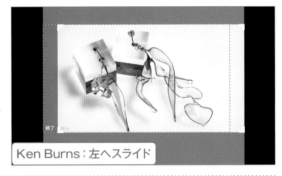

Ken Burns：左へスライド

ポイント3

画像の切り替えに エフェクトを追加

トランジション機能を使用すれば、写真やイラストが切り替わる際にスライドするエフェクトなどを付け加えることができます。画像素材のみの映像編集では効果的な機能です。

トランジション：左へスライド

ポイント

画像素材での編集はMacが効率的

Webサイトや画像広告などのデータはパソコンで管理していることが多いため、Macで編集すると効率的です。

▼ 画像素材の準備

1 画像素材を分けたい

画像広告のイラストや写真の一部分だけを切り取り、映像で表示したい場合はどうしたらいいのでしょうか。

元の画像素材

画像素材の一部分を使用したい

2 画像の切り取り iPhone版

iPhoneの写真アプリで切り出したい画像素材を開き、写真アプリの編集機能で素材を切り取ることができます。

❶ 写真アプリで画像を表示

❷ [編集] を押す

 ❸ [トリミング] を押す

❹ 画像の隅をスライドしてサイズを調整します

❺ サイズが調整できたら、☑を押します

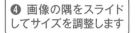 ❻ 選択した範囲の画像が切り出されました

3 プレビューで画像編集 Mac版

編集したい画像ファイルをダブルクリックして、プレビューで開きます。[マークアップツールバーを表示] をクリックすると、ツールバーが表示されます。ツールバーから [長方形で選択] をクリックします。

❶ [プレビュー]アプリで画像を開きます

❷ [マークアップツールバーを表示]をクリック

❸ マークアップツールバーが表示されます

❹ [長方形で選択] をクリック

4 画像の切り取り Mac版

切り出したい範囲をドラッグして囲います。範囲が決まったら、[切り取り]をクリックすると、選択した範囲が切り取られて表示されます。

❶ ドラッグして範囲を囲います

❷ [切り取り] をクリック

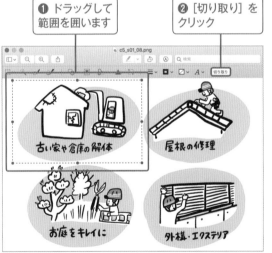

❸ 画像が切り出されました

ポイント
元のファイルをコピー

画像の一部分を切り出して編集すると、元の状態の画像ファイルが無くなってしまうため、ほかのシーンでも使用する場合は事前に元のファイルをコピーしておきましょう。

[会社の広告映像を作成しよう] **Mac**

会社の広告映像を作成しよう

素材の準備ができたら、タイトルアニメーション、トランジション機能を効果的に使用した、会社の事業内容を紹介する映像広告の作成方法について解説します。

▼ Webサイト・画像広告の素材

1 **Webサイト・画像広告の素材を利用**

会社のSNSや画像広告から映像で使用するイラスト、ロゴ素材をピックアップします。必要に応じて画像広告の画像を切り取り、素材を分けておきましょう。

・新島工業所
https://www.instagram.com/niijima_kogyosho/

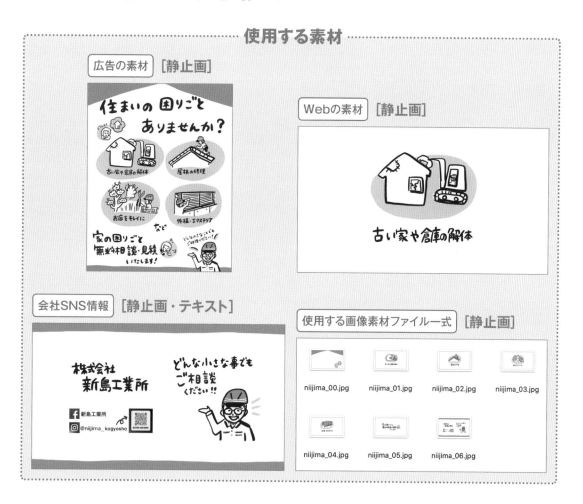

使用する素材

広告の素材 [静止画]

Webの素材 [静止画]

会社SNS情報 [静止画・テキスト]

使用する画像素材ファイル一式 [静止画]

niijima_00.jpg　niijima_01.jpg　niijima_02.jpg　niijima_03.jpg

niijima_04.jpg　niijima_05.jpg　niijima_06.jpg

▼ 企画・構成

1 映像の企画・構成

画像広告やSNSの内容を元に広告映像で伝えたい内容をまとめて、映像の企画・構成を考えていきます。

❶ 冒頭で広告の文章をアニメーションで表現し、視聴者の興味を引く　　　時間：8秒

❷ 業務・サービス内容のイラストにエフェクトで動きを追加して表示　　　時間：16秒

時間：4秒　　　　　　　　　　　時間：4秒

動画のポイント

❸ 「無料相談・見積」などのアピールしたい箇所を表示　　**❹** 会社名やSNS・Webサイトなどの情報を表示

ポイント

広告動画の長さ

広告の場合、映像が長すぎると視聴者が途中で離脱してしまう原因になるので、伝えたい内容を簡潔にまとめ30秒程度にするとよいでしょう。

▼ 素材の読み込み

1 プロジェクトの作成

映像を自由に編集可能な [ムービー] を選択して
プロジェクトを作成します。

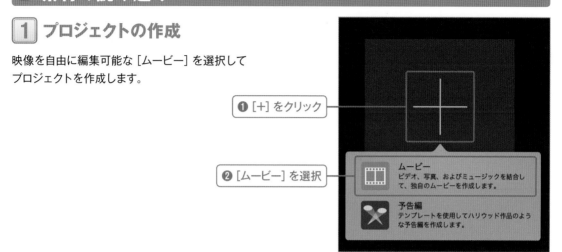

❶ [+] をクリック

❷ [ムービー] を選択

ムービー
ビデオ、写真、およびミュージックを結合し
て、独自のムービーを作成します。

予告編
テンプレートを使用してハリウッド作品のよう
な予告編を作成します。

2 素材の読み込み

編集画面が表示されたら、[メディアを読み込む] をクリックし、用意した画像素材を
選択してiMovieのプロジェクト内に読み込みます。

❶ Webサイト・広告の素材

❷ [マイメディア] をクリック

❸ [メディアを読み込む] をクリック

niijima_00.jpg　niijima_01.jpg　niijima_02.jpg　niijima_03.jpg

niijima_04.jpg　niijima_05.jpg　niijima_06.jpg

❹ 読み込む素材を選択

❺ [選択した項目を
読み込む] をクリック

名前	継続時間	コンテンツの作成日	ファイルのタイプ	サイズ
niijima_00.jpg	10.0 秒	2021/05/18 21:55:30	JPEGイメージ	139 KB
niijima_01.jpg	10.0 秒	2021/05/18 21:42:47	JPEGイメージ	156 KB
niijima_02.jpg	10.0 秒	2021/05/18 21:43:37	JPEGイメージ	229 KB
niijima_03.jpg	10.0 秒	2021/05/18 21:44:26	JPEGイメージ	295 KB
niijima_04.jpg	10.0 秒	2021/05/18 21:45:14	JPEGイメージ	283 KB
niijima_05.jpg	10.0 秒	2021/05/18 21:46:14	JPEGイメージ	193 KB
niijima_06.jpg	10.0 秒	2021/05/18 21:53:08	JPEGイメージ	377 KB

▼ 素材の配置と設定

1 素材の配置　読み込んだ画像素材を、映像の構成に合わせて順番に配置していきます。

❶ 画像素材をドラッグ＆ドロップ

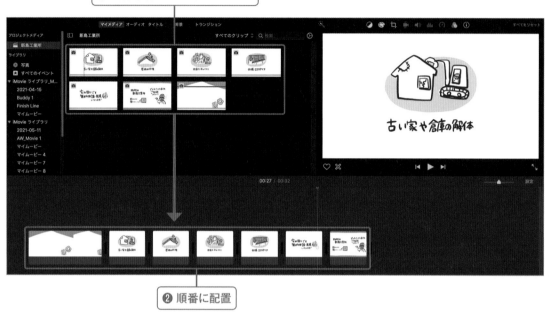

❷ 順番に配置

👉 **ポイント**

背景画像

映像の冒頭部分にはタイトルアニメーションを入れます。今回は背景用の素材がありますが、タイトルの背景素材がない場合は［背景］の中から選んで使用するとよいでしょう（P206を参照）。

2 映像の長さを調整

今回は、冒頭のタイトルアニメーションの部分は8.0秒、他の画像については4.0秒の長さに調整します。これで映像の全体の長さが32.0秒になります。

❶ 8.0秒に設定

❷ 4.0秒に設定

👉 **ポイント**

表示する長さの注意

文章や画像の表示時間が短いと内容が読み取れないため、最低でも3秒間ぐらい表示するとよいでしょう。

3 画像拡大・縮小の解除

画像を配置すると自動で［Ken Burns］が適用され、画像がスライドしたり、拡大・縮小したりするように設定されます。解除する場合は、画像素材を選択して［クロップ］のメニューから［サイズ調整してクロップ］をクリックし、表示する範囲を調整します。

❶ ［Ken Burns］を解除する画像を選択

❷ ［クロップ］をクリック

❸ ［サイズ調整してクロップ］を選択

❹ 表示する範囲を調整

4 Ken Burnsの設定

業務内容のイラスト画像はすべて徐々に拡大させて表示したいのですが、拡大・縮小が自動で適用されています。これを変更する場合は、画像素材を選択して［クロップ］のメニューから ⚡ をクリックすると、拡大・縮小が切り替わります。

❶ 変更する画像を選択

❷ ［クロップ］をクリック

❸ ⚡ をクリック

❹ 拡大・縮小が切り替わる

▼ アニメーションでタイトルを目立たせる

1 タイトルの追加

文章が目立つように、[タイトル] からアニメーションの [ポップアップ] を選択して配置します。

❶ [タイトル] をクリック　　❷ [ポップアップ] を選択

❸ [ドラッグ＆ドロップ] して配置

2 画像広告に合わせてテキストを入力

画像広告の内容に合わせてテキストを入力します。文章が長いと自動で改行されてしまうため、文章を「住まいの困りごと」、「ありませんか?」の2個のタイトルに分けて作成します。

広告の文章を参考に

❹ テキストを入力

✏️ **ポイント**

文章が長い場合

文章が長すぎて1個のタイトルで表示しきれない場合は、文章を分けて複数のタイトルを作成しましょう。

3 フォントの種類を設定

画像広告のようにフォントを太くすることで、より文章が目立つようになります。ここでは、[フォント]から[ヒラギノ角ゴProN W6]を選択します。イメージに合うフォントがない場合はフォントを追加することもできます（P208を参照）。

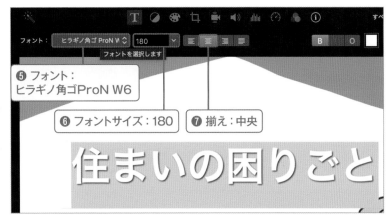

❺ フォント：
ヒラギノ角ゴProN W6

❻ フォントサイズ：180

❼ 揃え：中央

4 フォントのカラーを設定

フォントを画像広告と同じカラーに設定します。[カラー設定]を選択して、カラーパレット画面から色や明るさを調整します。

❽ [カラー設定]をクリック

❾ 色を選択

❿ 明るさを調整

⓫ テキストのカラーが変更されます

5 同様の手順でタイトルを追加

「ありませんか？」についても同様の手順で作成して配置します。

⓬ タイトルを追加

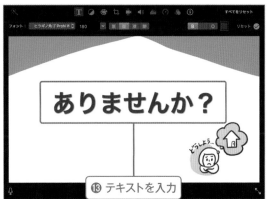

⓭ テキストを入力

⚡ ポイント

タイトルのコピーと貼り付け

作成したタイトル（種類、カラー）はタイトルを選択して[⌘ + C]でコピーし、[⌘ + V]で貼り付けることができます。

▼ トランジションの設定

1 トランジションの設定①

イラスト画像が単純に切り替わるだけだと映像が単調になってしまいます。トランジション機能で画像の切り替え時に左・右へスライドするエフェクトを追加して映像に動きを作ってみましょう。

❶ [トランジション] をクリック

❷ [左へスライド] を選択

❸ 2つ画像の間に [ドラッグ＆ドロップ]

❹ 画像が左へスライドします

❺ トランジション：左へスライド

2 トランジションの設定②

次のトランジションでは、[右へスライド] を選択してドラッグ＆ドロップします。画像が右へスライドして切り替わるようになります。

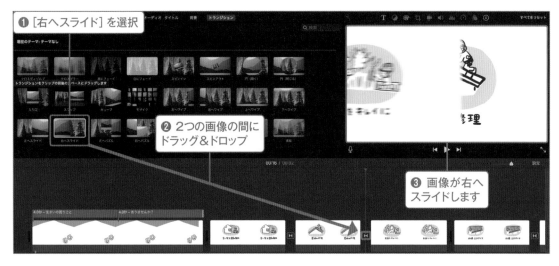

❶ [右へスライド] を選択

❷ 2つの画像の間に ドラッグ＆ドロップ

❸ 画像が右へスライドします

③ トランジションの設定③

[左へスライド]、[右へスライド]のトランジションを交互に設定していきます。

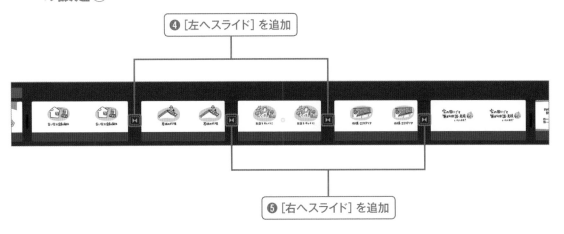

❹[左へスライド]を追加

❺[右へスライド]を追加

④ トランジションの設定④

冒頭のタイトルと最後の部分にもトランジションを設定します。ここではタイトル自体にアニメーションで動きがあるので、シンプルなトランジション[クロスディゾルブ]を追加していきます。

❻[クロスディゾルブ]を選択

❼2つの画像の間にドラッグ&ドロップ

❽画像が徐々に切り替わります

❾同様に[クロスディゾルブ]を設定

トランジション：
クロスディゾルブ

▼ オーディオの追加

1 オーディオの選択

映像が編集できたらBGMを選びます。[オーディオ]を選択し、[サウンドエフェクト]の[ジングル]から曲を再生して確認していきます。イラストのポップな印象に合うように[Two Seater Long]を使用します。

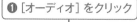

❶[オーディオ]をクリック

❷[サウンドエフェクト]をクリック

❸[ジングル]を選択

❹[▶]で音楽を再生

2 オーディオの追加

使用する曲が決まったらBGMを配置して、映像と同じ長さに調整します。BGMの最後にフェードアウトを設定しましょう（P97を参照）。

❺[Two Seater Long]を配置

❻BGMを映像と同じ長さに調整

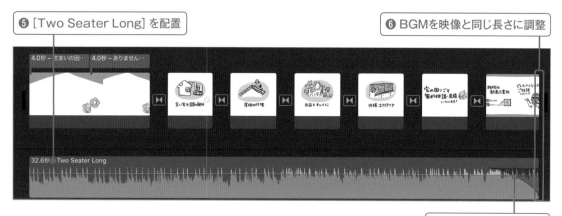

❼フェードアウトを設定

●C4_新島工業所

Chapter 4

［店舗の広告映像を作成しよう］ **iPhone** **Mac**

店舗の広告映像を作成しよう

P159と同様に、美容室のWebサイトの店舗、モデルの写真、文章を利用してスタイリッシュな店舗紹介の映像広告を作成します。タイトルアニメーション、トランジション機能を効果的に使用してみましょう。

▼ Webサイトの素材

1 Webサイトの素材を利用

美容室のWebサイトから映像で使用する写真、ロゴ素材や文章をピックアップします。店舗の印象やコンセプトなどの文章も把握しておきましょう。

・AW Hair Salon
https://www.aw-salon.com

●C4_AW_美容室

‥‥‥‥‥ 使用する素材 ‥‥‥‥‥

Webサイトのトップ画像 ［静止画］

店内の画像 ［静止画］

コンセプトやメッセージなどの文章 ［テキスト］

ヘアースタイルのイメージ写真 ［静止画］

▼ 企画・構成

1 映像の企画・構成

Webサイトや店舗のコンセプトを元に伝えたい内容をまとめます。店舗のイメージに合うようにスタイリッシュな映像の企画・構成を考えていきます。

① 店舗の外観と店名を表示して
雰囲気を伝える

時間：3秒

② Webサイトのイメージを元に
タイトルアニメーションを作成

時間：3秒

③ 店舗のコンセプトなどの文章を
元にタイトルアニメーションを作成

時間：2秒

④ モデルのイメージ写真を表示

時間：3秒

⑤ タイトルアニメーションと
写真の表示を繰り返します

時間：5秒

動画のポイント

⑥ 店内の写真を表示して
雰囲気を伝える

時間：3秒

[商品の広告映像を作成しよう] iPhone Mac

Chapter 4 商品の広告映像を作成しよう

P159と同様に、ファッションなどのWebサイトの写真や文章を利用して、タイトルやトランジション機能を効果的に使用した、アクセサリーの映像広告を作成してみましょう。

▼ Webサイトの素材

1 Webサイトの素材を利用

Webサイトから映像で使用するロゴ、アクセサリーやモデルの写真素材をピックアップします。ブランドや商品の特徴とコンセプトなどの文章も把握しておきましょう。

・Limo
https://limopiece.com

●C4_LIMO

使用する素材

[Webサイトのトップページ] [静止画・テキスト]

[Webサイトのアクセサリーページ] [静止画]

Mask・Art Gallery

【ピアス】心の細胞シリーズ

[モデル写真] [静止画]

[ロゴ画像] [静止画]

企画・構成

1 映像の企画・構成

Webサイトや商品のコンセプトを元に伝えたい内容などをまとめます。ブランドのイメージに合うように写真素材を活かしたシンプルな映像の企画・構成を考えていきます。

❶ Webサイトのトップ画像とロゴを表示してブランド名を伝える　　時間：3秒

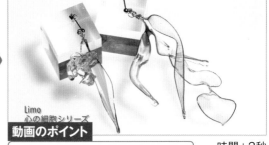

❷ 商品の写真や名称を表示（価格などを表示してもよいでしょう）　　時間：3秒

❸ モデルの着用写真やコンセプトを表示　　時間：3秒

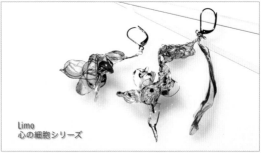

❹ 他の商品の写真を表示　　時間：3秒

❺ ほかのモデルの写真やコンセプトを表示　　時間：3秒

❻ 商品写真とロゴを表示　　時間：3秒

Chapter

5

プライベート用の映像を
作成してみよう

［予告編のテンプレートで手軽に映像制作］ iPhone Mac

Chapter 5 ［予告編］のテンプレートで手軽に映像制作

予告編のテンプレートという機能で編集を行うと、撮影したビデオや写真を読み込むだけで手軽に映像を制作することができます。旅行やペットなど複数のテンプレートが用意されているので、映像作成に利用してみましょう。

▼ ［予告編］のテンプレート

1 ［予告編］のテンプレートの種類

［予告編］のテンプレート一覧から、作成する映像に合うものを選択します。テンプレートを選択すると映像の内容が確認できるので、内容を確認してから選択するようにしましょう。

❶ ［予告編］テンプレート iPhone版（14種類）

❷ テンプレートを選択

❸ 内容が再生されます

❶ ［予告編］テンプレート　Mac版（29種類）

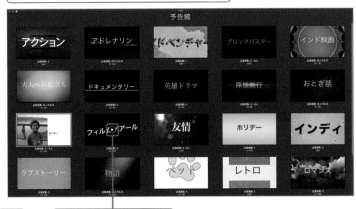

❷ 内容が再生されます

2 ［アウトライン］を使った［予告編］のテンプレートの設定

［予告編］では、テンプレートに素材を読み込むだけで映像が作成できます。［アウトライン］には映像の名前やクレジットなどを設定します。

❶ アウトライン iPhone版

❷ 名前などを設定

❶ アウトライン　Mac版

❷ 名前などを設定

174

3 [絵コンテ]を使った 予告編のテンプレートの設定

[絵コンテ]の内容に合わせてビデオや写真を読み込み、テキストを入力するだけで、自動的に映像ができ上がります。絵コンテのイラストに合う素材がない場合は、違う内容の物でも問題ないので何かビデオか写真を入れておきましょう。

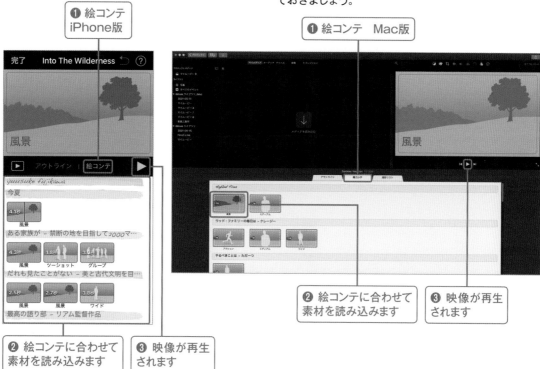

❶ 絵コンテ iPhone版

❶ 絵コンテ　Mac版

❷ 絵コンテに合わせて 素材を読み込みます

❸ 映像が再生 されます

❷ 絵コンテに合わせて 素材を読み込みます

❸ 映像が再生 されます

4 [予告編]テンプレートで 作成した映像

[絵コンテ]にビデオや写真素材、テキストを入力するだけで、タイトルやアニメーションが適用され、このような動画が手軽に作成できます。

[予告編]ティーン

▼ オープニングとクレジットの切り取り

1 オープニングとクレジット

[予告編]で映像を編集した場合は、テンプレートにオープニングとクレジットの表記が含まれているため、それらが映像に追加されてしまいます。必要ない場合は、保存した映像を再度ムービーの編集で読み込み、映像の冒頭と最後の部分を切り取りましょう。

オープニング

クレジット

iMOVIE AND YUUSUKE FUJIKAWA PRESENT
YUUSUKE FUJIKAWA PRODUCTION IN ASSOCIATION WITH iMOVIE
USK FILM
思い出のドイツの旅
STARRING ルーク アン
編集USK 美術USK 撮影USK 配役AYANO HARUKI 音楽iMOVIE 衣装USK 製作総指揮USK 脚本USK 監督USK

> **ポイント**
> **オープニングとクレジットの表示**
> [予告編]のテンプレートでは、オープニングとクレジットの表示のオン・オフが設定できないため、映像を作成した後に切り取る必要があります。

2 オープニングを削除 iPhone版

ムービーの編集で作成した映像を読み込みます。オープニングが終わる位置に移動して、映像を分割し、オープニング部分を削除します。

❶ [ムービー] を選択

❷ 予告編で作成した映像を読み込む

❸ オープニングが表示されています

❹ オープニングが終了する位置に移動

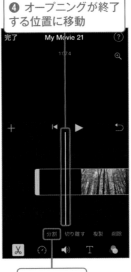

❺ [分割]を押します

❻ オープニング部分を選択

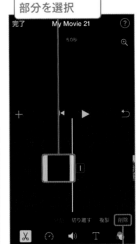

❼ [削除]を押します

③ クレジットを削除 iPhone版

次にクレジットが始まる位置に移動して、映像を分割し、クレジット部分を削除します。両方削除したら、再度プロジェクト画面から映像を保存します。

❶ クレジットが始まる位置に移動

❷ クレジット部分を選択します

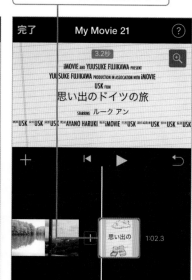

❸［分割］を押します

❹［削除］を押します

④ オープニングとクレジットを削除　Mac版

Mac版では予告編をムービーに変換することができ、ムービーに変換することで、オープニングとクレジット部分を削除できるようになります。削除してから再度映像を書き出しましょう。

❶ 予告編で編集している映像を開きます

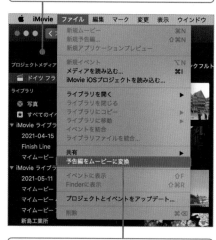

❷ メニューから［ファイル］→［予告編をムービーに変換］を選択

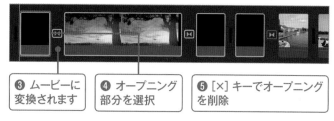

❸ ムービーに変換されます

❹ オープニング部分を選択

❺［×］キーでオープニングを削除

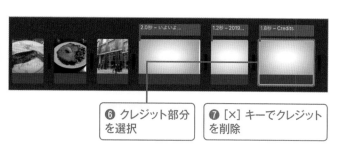

❻ クレジット部分を選択

❼［×］キーでクレジットを削除

［テンプレートで旅行映像を作成しよう］ iPhone

Chapter 5 テンプレートで旅行映像を作成しよう

旅行の映像を作成してSNSに投稿したり、友達に送ったりしたい場合は、［予告編］のテンプレートで作成すると便利です。iPhone版の予告編の映像編集について学びましょう。

▼ ［予告編］のテンプレートの選択

1 旅行映像向けのテンプレート

［予告編］には複数のテンプレートが用意されていますが、旅行の映像向けのテンプレートを紹介します。再生ボタンを押して内容を確認し、使用するテンプレートが決まったらプロジェクトを作成します。

ティーン：
若者向けのポップな印象
物語：
落ち着いた印象
探検旅行、冒険旅行：
アドベンチャー映画風

❶ ［予告編］を選択

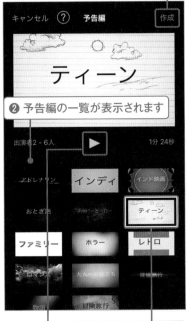

❺ ［作成］を押す

❷ 予告編の一覧が表示されます

❸ 予告編で［ティーン］を選択

❹ 内容を再生して確認

［予告編］ティーン

▼ アウトラインの設定

1 アウトラインとは

［プロジェクト］が作成されたら［アウトライン］を押すと、映像の詳細情報を設定する画面が表示されます。予告編ではムービー名やクレジット情報など入力した情報が映像の冒頭と最後に表示されます。

❶［アウトライン］を押す

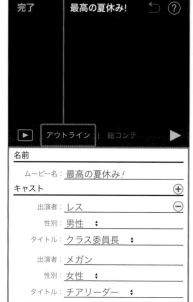

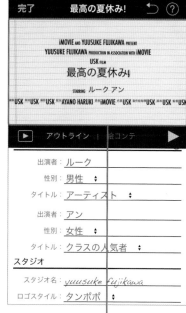

❷ 映像の情報を入力

❸ 入力した内容が映像のクレジットとして表示されます

ポイント
オープニングとクレジット
オープニングとクレジットを映像で表示する必要がない場合は、編集後にオープニングとクレジット部分をカットしましょう（P176を参照）。

---

2 出演者の設定

［ティーン］のテンプレートでは、出演者の人数を調整することで、絵コンテ内の映像の人数が変化します。旅行に行った人数に合わせて、2人旅の映像なども作成することができます。

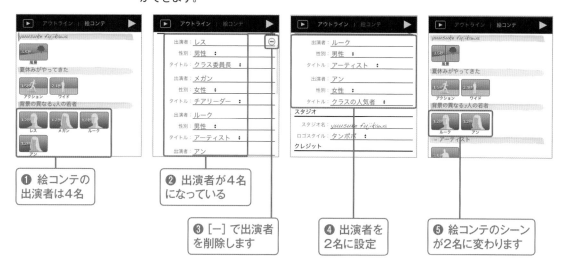

❶ 絵コンテの出演者は4名

❷ 出演者が4名になっている

❸ ［ー］で出演者を削除します

❹ 出演者を2名に設定

❺ 絵コンテのシーンが2名に変わります

▼ 絵コンテの内容

1 絵コンテについて

[絵コンテ] を押すと、絵コンテ画面が表示されます。予告編では絵コンテのイラストに合わせてビデオや写真の素材を読み込み、テキストを入力することで映像を作成することができます。

❶ [絵コンテ] を押す

❷ [予告編] の内容に合わせた絵コンテが表示されます

❸ 編集中の映像を再生

2 絵コンテの内容

予告編 [ティーン] (2名) の絵コンテの内容になります。このように、どのようなシーンのビデオや写真を読み込めばよいかが、分かりやすくイラストで掲載されています。

スタジオ名

素材を読み込む＆文章を入力

タイトルを入力

クレジット (製作者)

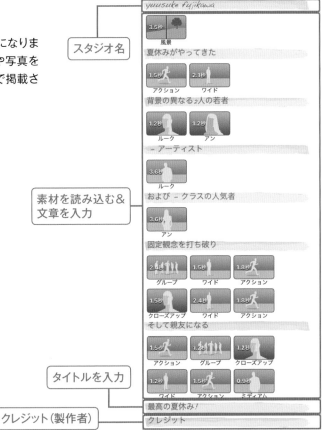

▶ 絵コンテに素材を入れる

1 絵コンテにビデオを読み込む

絵コンテの上部からイラストを押して使用する素材を選択します。ビデオを選択したら使用する部分をドラッグして調整し、絵コンテに読み込みます。

❶ 絵コンテのイラストを選択

❷ [ビデオ] を選択

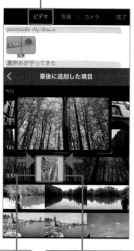

❸ 使用するビデオを選択

❹ 黄色の部分をドラッグして使用する部分を調整

❺ [+] 押して読み込みます

❻ 絵コンテにビデオが読み込まれます

2 絵コンテのテキストを変更

絵コンテで表示している文章を変更するには、テキストボックスを選択して、テキストを変更します。旅行した場所や思い出を記載しましょう。

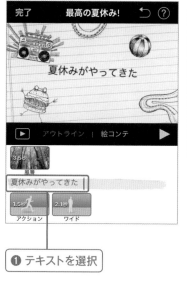

❶ テキストを選択

❷ テキストを入力

❸ 入力したテキストが反映されます

181

3 絵コンテに写真を読み込む

読み込み画面から［写真］を選択すると、写真の一覧が表示され、写真素材を読み込むことができます。

❶ 絵コンテのイラストを選択　　　❷［写真］を選択

❸ 使用する写真を選択

❹ 絵コンテに写真が読み込まれます

ポイント

出演者の名前

「ルーク」、「アン」などの出演者の名前はアウトラインの主演者の名前と連動しています。アウトラインの名前を変更すると、絵コンテの表記が変わります。

---

4 写真素材とKen Burns

予告編の場合でも写真素材を読み込むと、自動でKen Burnsが適用され、写真が拡大・縮小、スライドするようになります。再度写真を選択すると、設定画面から写真のサイズやKen Burnsの動きを調整することができます。

❶ 調整したい写真を選択

❷［開始］を選択

❸ 開始時のサイズと位置を調整

❹［終了］を選択

❺ 終了時のサイズと位置を調整

❻ 絵コンテ画面に戻る

▽ 完成した映像の保存

1 映像の完成

絵コンテの数に合わせて、P181〜P182の手順でビデオや写真を読み込んでいきます。すべて読み込んだら編集は完了です。再生して内容を確認してみましょう。

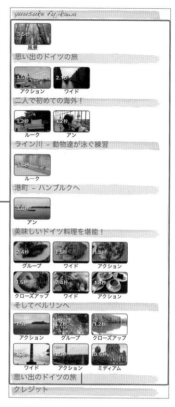

同様の手順ですべての絵コンテにビデオや写真を読み込みます

ポイント
素材の順番

旅行した日程合わせてビデオや写真を並べていくと、映像のストーリーを作りやすくなります。また、料理などのカテゴリーに分けてもよいでしょう。

2 映像の保存

映像が完成したら、プロジェクト画面から映像を保存します。オープニングとクレジット部分をカットしたい場合は、ムービーの編集でカットしましょう（P176を参照）。

●C5_旅行

❶[シェア]を押す

❷[ビデオを保存]を選択

[テンプレートで結婚式用の映像を作成しよう] iPhone

Chapter 5 テンプレートで結婚式用の映像を作成しよう

自分や友人の結婚式に向けて、新郎・新婦の生い立ち映像を作成することがあると思います。このような場合でも予告編のテンプレートを使用することで、手軽に映像を作成することが可能です。

▼ 予告編のテンプレートの選択

1 結婚式映像向けのテンプレート

結婚式用の映像を作成するには、[大人への旅立ち] のテンプレートが人の成長を描いた内容になっています。再生ボタンを押すと、テンプレートの内容を確認することができます。

❶ [予告編] を選択

❺ [作成] を押す

❷ 予告編の一覧が表示されます

❸ 予告編 [大人への旅立ち] を選択

❹ 内容が再生されます

[予告編] 大人への旅立ち

▼ 結婚式用の映像作成の流れ

1 予告編の長さ

予告編のテンプレートの場合、使用できる写真の数や映像の長さが固定になっています。[大人への旅立ち] では1分3秒と短めになっているので、新郎・新婦・二人の思い出などに分けて3本映像を作成して、最後にムービー編集で1本の映像にまとめるとよいでしょう。

テンプレートの長さ [1分3秒]

新婦編

新郎編

二人の思い出編

2 アウトラインの設定

結婚式用で使用する [大人への旅立ち] の [アウトライン] では、特に入力が必須の項目はありませんが、内容が分かるように [ムービー名] を設定しておくとよいでしょう。クレジット部分は後でカットするため入力しなくても問題ありません。

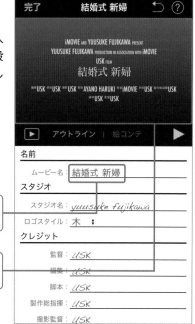

❶ ムービー名を [結婚式 新婦] などに設定

❷ 入力した名前が表示されます

▼ 絵コンテの内容と準備

1 絵コンテの内容

[予告編]の[大人への旅立ち]の絵コンテの内容です。絵コンテのイラストでは写真よりビデオの素材が多くなっていますが、特に気にせずに写真を使用して問題ありません。

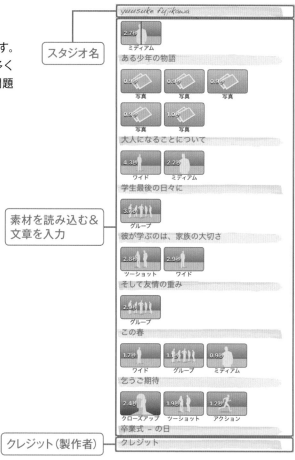

スタジオ名

素材を読み込む＆文章を入力

クレジット（製作者）

yuusuke fujikawa

ある少年の物語

大人になることについて

学生最後の日々に

彼が学ぶのは、家族の大切さ

そして友情の重み

この春

乞うご期待

卒業式 − の日

クレジット

ポイント

読み込む素材

最初は現在の写真、あとは生後から時系列に写真を掲載するとよいでしょう。絵コンテの枠が18あるので18枚の写真を用意しておきましょう。

2 写真素材の準備

結婚式用の映像の場合は、写真素材がメインになるので、昔の写真はスキャンしてiPhoneに転送するか、iPhone自体で写真を撮影してデータ化しておきましょう。

子供時代の写真をデータ化

最近の写真はiPhoneなどで撮影した物を使用

▼ 絵コンテに素材を入れる

1 絵コンテに写真を読み込む

写真を読み込む箇所のイラストを選択します。読み込み画面から [写真] を選択すると、写真の一覧が表示され、写真素材を読み込むことができます。

❶ 絵コンテのイラスト部分を選択

❷ [写真] を選択

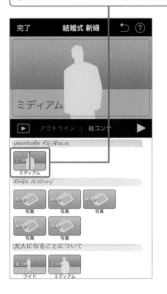

❸ 使用する写真を選択

❹ 絵コンテに写真が読み込まれます

2 写真素材とKen Burns

結婚式用の映像の場合は写真素材がメインになるので、Ken Burns機能で写真に拡大・縮小、スライドの動きを設定すると効果的です。再度写真を選択すると、設定画面から写真のサイズやKen Burnsの動きを調整することができます。

❶ 調整したい写真を選択

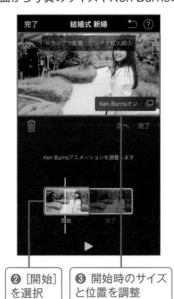
❷ [開始] を選択
❸ 開始時のサイズと位置を調整

❹ [終了] を選択
❺ 終了時のサイズと位置を調整
❻ 絵コンテ画面に戻る

187

3 絵コンテの テキストの変更

絵コンテで表示している文章を変更するには、テキストボックスを選択して、テキストを変更します。新郎・新婦の名前や生い立ちなどを紹介しましょう。

❶ テキストを選択します

❷ テキスト（新婦の名前など）を入力

4 映像の完成

絵コンテの数に合わせて、同様の手順で写真などを読み込んでいきます。すべて読み込んだら編集は完了です。再生して内容を確認してみましょう。

編集した映像（オープニング・クレジットはカット）

●C5_結婚式_新婦

❶ 現在
❷ 名前
❸ 幼少期
❹ 小中学校時代
❺ 高校時代
❻ 最近

▼ 新郎・二人の思い出編の作成と連結

1 新郎・二人の 思い出編の作成

新婦編が完成したら、同様の手順で新郎編・二人の思い出編も作成してみましょう。

❶ 新郎編

❷ 新郎の最近の写真

❸ 新郎の名前

❹ 幼少期からの写真を追加

❶ 二人の思い出編

❷ 二人の最近の写真

❸ 二人の名前

❹ 二人が出会った頃からの写真を追加

2 映像の連結

新郎・新婦・二人の思い出編の映像が完成したら、ムービーの編集で三本の映像を読み込んで連結します。その際、各映像のオープニングとクレジット部分もカットしておきましょう。

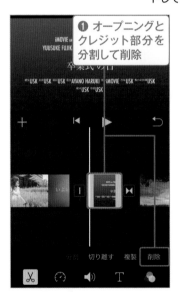

❶ オープニングとクレジット部分を分割して削除

❷ 新婦編と新郎編を連結

❸ [フェード] を適用

❹ 新郎編と二人の思い出編を連結

❺ [フェード] を適用

ポイント

連結部分のトランジション

連結部分のトランジションには [フェード] を適用しておくと効果的です。

[テンプレートでペット映像を作成しよう] **Mac**

Chapter 5 テンプレートで ペット映像を作成しよう

SNSなどにペットの映像を投稿したいことがあると思います。Mac版の[予告編]ではペットのテンプレートが用意されているので、ペットのビデオや写真を読み込むだけで手軽にペットの映像が作成できます。

▼ [予告編]のテンプレートの選択

1 ペット映像用の テンプレート

Mac版の[予告編]では、[ペット]のテンプレートが用意されています。再生ボタンを押すと、テンプレートの内容を確認することができます。

❶[予告編]を選択

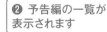

❷ 予告編の一覧が表示されます

❸ 予告編[ペット]を選択

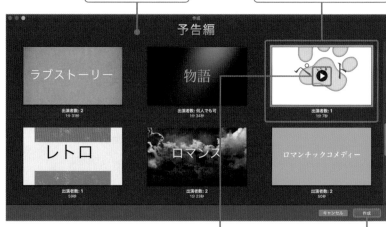

❹ 内容が再生されます

❺[作成]を押す

[予告編]ペット

出演者数: 1
1分 7秒

出演者数: 1
1分 7秒

出演者数: 1
1分 7秒

出演者数: 1
1分 7秒

出演者数: 1
1分 7秒

出演者数: 1
1分 7秒

▼ 素材の読み込み

1 素材の準備

カメラで撮影した写真やビデオ中から映像で使用する
ものを選び用意しておきます。ペットの絵コンテでは
21個の素材が必要になるので、21個以上用意してお
きましょう。

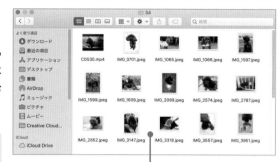

ポイント
ペットのテンプレート
ペットのテンプレートでは、絵コンテに一箇所ビデオが
必須の部分があるため、最低1個はビデオ素材を用意
しましょう。

写真やビデオの素材

2 素材の読み込み

素材が準備できたら、[メディアを読み込む] をクリックして、使用する素材を読み込
みます。マイメディアに撮影した素材が読み込まれます。

❶ [マイメディア] をクリック

❷ [メディアを読み込む] をクリック

❸ 読み込む素材を選択

❹ [選択した項目を
読み込む] をクリック

❺ 素材が読み
込まれます

▼ アウトラインの設定

1 アウトラインとは

プロジェクトが作成されたら[アウトライン]をクリックすると、映像の詳細情報を入力する画面が表示されます。Mac版の[予告編]でもムービー名やクレジット情報など入力した情報が映像の冒頭と最後に表示されます。

❶ [アウトライン] をクリック　　❷ アウトライン画面が表示されます

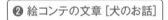

❸ 映像の情報

2 ペットの設定

[ペット]のテンプレートでは、ペットの種類を変更することによって、絵コンテ内の文章が変化します。飼っているペットによって犬・猫などに切り替えることができます。

❶ ペットの種類：犬

❷ 絵コンテの文章 [犬のお話]

これは素敵な
犬のお話

❸ ペットの種類：猫

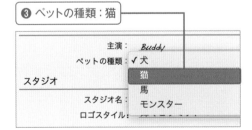

❹ 絵コンテの文章 [猫のお話]

これは素敵な
猫のお話

▼ 絵コンテの設定

1 絵コンテについて

[絵コンテ] をクリックすると、絵コンテ画面が表示されます。Mac版の予告編でも絵コンテのイラストに合わせてビデオや写真の素材を読み込み、テキストを入力することで映像を作成することができます。

❶ [絵コンテ] を押す　　❷ 予告編の内容に合わせた絵コンテが表示されます

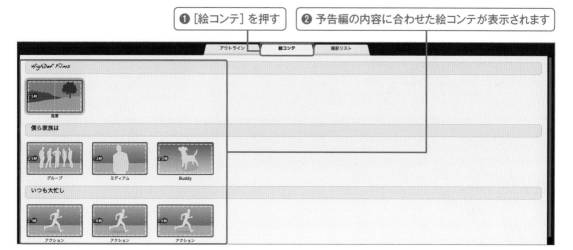

2 絵コンテの内容

予告編 [ペット] (犬) の絵コンテの内容です。このように、どんなシーンのビデオや写真を読み込めばよいかが、分かりやすくイラストで掲載されています。

スタジオ名　　　　　　　　　　　　素材を読み込む&文章を入力

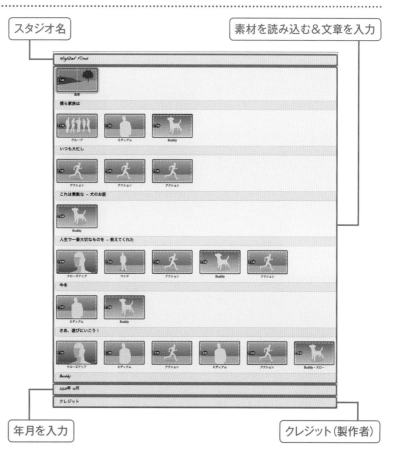

年月を入力　　　　　　　　　　　クレジット (製作者)

☆ ポイント

読み込む素材

絵コンテに飼い主のイラストが多く含まれますが、ペットのみの映像にしたい場合は、イラストの内容と合わない素材を使用しても問題ありません。

▼ 絵コンテに素材を入れる

1 絵コンテに写真を読み込む

Mac版では、使用する素材を絵コンテのイラスト部分にドラッグ＆ドロップすると、その素材が絵コンテに反映されます。

❶ 写真を選択してドラッグ＆ドロップ

❷ 絵コンテに写真が読み込まれます

2 写真素材とKen Burns

写真素材を読み込むと、自動でKen Burnsが適用されるので、クロップの設定から拡大・縮小やスライドの向きを調整します。

❶ [クロップ] をクリック

❷ [Ken Burns] をクリック

❸ 写真が上から下へスライドしています

❹ [反転] を
クリック

❺ スライドする
向きが変わります

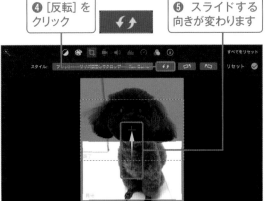

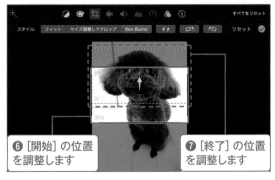

❻ [開始] の位置
を調整します

❼ [終了] の位置
を調整します

③ 絵コンテの テキストを変更

絵コンテで表示している文章を変更するには、テキストボックスを選択して、テキストを変更します。ペットとの思い出を記載してみましょう。

❶ テキストを入力します

❷ 入力したテキストが反映されます

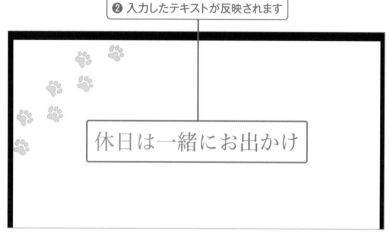

④ 絵コンテに ビデオを読み込む

ペット用の絵コンテの最後のイラスト部分はビデオのみしか読み込めないため、ビデオ素材をドラッグ＆ドロップして配置します。

❶ ビデオ素材のみ使用可能です

❷ [ビデオ]を選択

❸ ドラッグ＆ドロップして配置

ポイント

絵コンテの素材

選択した予告編によって、絵コンテにビデオ素材のみ使用可能なカットがある場合があります。

▼ 完成した映像の保存

1 映像の完成

絵コンテの数に合わせて、同様の手順でビデオや写真を読み込んでいきます。すべて読み込んだら編集は完了です。再生して内容を確認してみましょう。

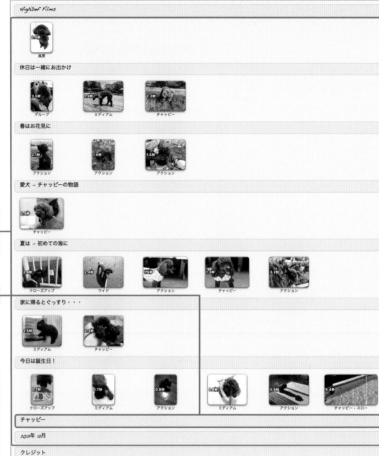

❶ 同様の手順でビデオや写真を読み込み、テキストを入力

❷ ペット名

ポイント
素材の順番
イベントごとにビデオや写真を並べていくと、映像のストーリーが作りやすくなります。

2 映像の保存

映像が完成したら、画面右上の［共有］から映像を書き出します。オープニングとクレジット部分をカットしたい場合は、ムービーに変換してカットしましょう（P177を参照）。

❶ ［共有］をクリック

❷ ［ファイルを書き出す］を選択

編集した映像（オープニング・クレジットはカット）

●C5_ペット

Q&A

iMovieの編集で困った時の対応方法

iPhone　Mac

Q&A ① 縦長のムービーを編集したい

▼ 縦長のムービーを編集方法

1 iMovieと写真アプリで編集

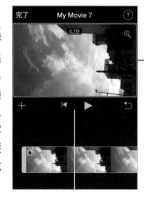

ビデオを横に回転して編集

iMovie自体の編集機能では基本的に横長の映像を編集するようになっています。縦長で撮影したビデオの場合には、横に回転させて、編集した後に[写真アプリ]で編集した映像を縦に回転させ、縦長の映像を作成することができます。

ポイント タイトルに注意

タイトルなどのテキストを入れてしまうと、テキストも一緒に回転してしまうので注意しましょう。

タイトルも回転します

---

2 iMovieでビデオを横向きに編集

まずは、iMovieで縦長で撮影したビデオを選び、ビデオを横に回転させた状態で映像を編集していきます。

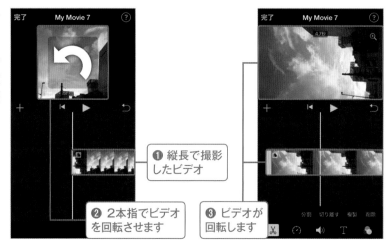

❶ 縦長で撮影したビデオ

❷ 2本指でビデオを回転させます

❸ ビデオが回転します

3 ビデオの保存

iMovieでビデオを編集したら、一度編集した映像をiPhoneに保存しておきます。

④ [ビデオを保存] を選択

⑤ iPhoneにビデオが保存されます

4 写真アプリで回転

iPhoneに保存した映像を写真アプリで開いて、[編集] の機能で回転すると縦長の映像になります。

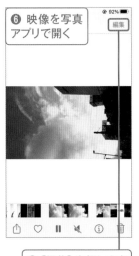

⑥ 映像を写真アプリで開く

⑦ [編集] を押します

⑧ 編集モードになります

⑨ [サイズ調整] を押します

⑩ [回転] を押します（押すたびに左に90°回転します）

⑪ 映像が縦に戻ったら保存

ポイント Macで回転

Macの場合は、編集した映像をQuickTime Playerで開き、回転させることができます。

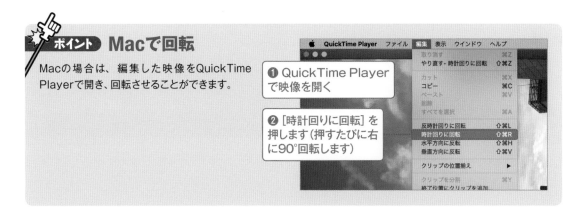

❶ QuickTime Playerで映像を開く

❷ [時計回りに回転] を押します（押すたびに右に90°回転します）

iPhone　Mac

Q&A ② 編集中の手順を戻りたい

▼ 編集中の手順を戻る

1 [取り消す]で手順を戻る iPhone版

編集作業中に誤って何かを消してしまい、1手順前の状態に戻したい時があるかと思います。そんな場合は[取り消す]で1手順前の状態に戻ることができます。

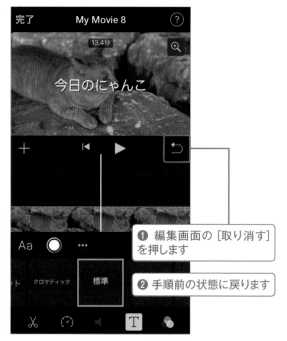

❶ 編集画面の[取り消す]を押します

❷ 手順前の状態に戻ります

2 [取り消す]で手順を戻る Mac版

Mac版では、[編集]メニューから[取り消す]を選択すると、1手順前の状態に戻ることができます。また、キーボードの ⌘ + Z キーを押しても戻ることが可能です。

ポイント

さらに前の手順に戻る
[取り消す]を複数回押すと、さらに前の手順まで戻ることができます。

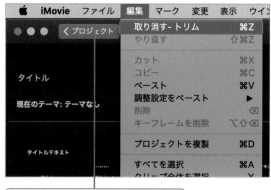

❶ [編集]→[取り消す]をクリック

❷ 手順前の状態に戻ります

Q&A ③

Mac

撮影したビデオをタイムラプス（低速度撮影）にしたい

▼ ビデオをタイムラプスに加工

1 速度機能で 速さを調整

撮影したビデオを後でタイムラプスにしたい場合、Mac版のiMovieでは速度機能でビデオの速さを20倍まで速くすることができます。風景や作業のタイムラプス映像を作成する際に適用してみましょう。

❶ 元のビデオを配置します

❸ [速く] を選択　　❹ [20x] をクリック

❷ [速度] をクリック

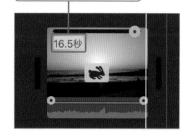

❺ 速度が20倍になり、夕日が沈んでいくタイムラプスが作成できます

16.5秒

ポイント

iPhone版の速度機能

iPhone版の速度機能では、最大で2倍までの速さになります。

Q&A ④

iPhone Mac

2個のビデオを 1画面に表示したい

▼ iPhone版での機能

1 スプリット スクリーンの設定

オンラインイベント風に、2個のビデオを1画面で表示したいことがあるかと思います。そんな時はビデオオーバーレイの機能で1画面に2個のビデオを分割して表示することができます。

❶ 1個目のビデオを読み込みます
❷ [＋] を押します

❸ 2個目のビデオを選択
❹ […] を押します

❺ [スプリットスクリーン] を選択
❻ 2個のビデオが分割されて表示されます

❼ 2個目のビデオ

2 ピクチャ・イン・ピクチャの設定

ピクチャ・イン・ピクチャを選択すると、画面の端に2個目のビデオを小さく表示することができます。

❶ 上の段のビデオを選択

❷ [ビデオオーバーレイ] を押します
❸ [ピクチャ・イン・ピクチャ] を押します

❹ 2個目のビデオが隅に表示されます

❺ 矢印を押してビデオの位置とサイズを調整できます
❻ ビデオの位置を移動します

▼ Mac版での機能

[1] スプリット スクリーンの設定

Mac版では2個のビデオを上下に並べて配置し、ビデオオーバーレイ設定で画面を分割して表示します。

❶ 2個のビデオを上下に並べて配置　　❷ 上の段のビデオを選択

❸ [ビデオオーバーレイの設定] をクリック　　❹ ビデオオーバーレイのメニューが表示　　❺ [スプリットスクリーン] を選択　　❻ 2個のビデオが分割されて表示されます

❼ [位置] でビデオを左・右入れ替えることができます

[2] ピクチャ・イン・ピクチャの設定

ビデオオーバーレイ設定で [ピクチャ・イン・ピクチャ] を選択すると、画面の端に2個目のビデオが小さく表示されます。

❶ [ピクチャ・イン・ピクチャ] を選択　　❷ 2個目のビデオが隅に表示されます　　❸ ドラッグして位置とサイズを調整　　❹ ビデオの位置を移動します

203

Q&A ⑤ [iPhone] [Mac] グリーンバックで撮影したビデオを合成したい

▼ グリーンバックと合成

1 グリーンバックとは

映画などの撮影シーンで背景をグリーンの幕で覆っているのを見たことがあるかと思います。このようにグリーンバックで人物などを撮影しておくと、後からほかの映像や写真と簡単に合成することができます。

❶ グリーンバックの撮影環境

❷ グリーンバックで撮影したビデオ

❸ 合成した映像

✦ ポイント

グリーンバック素材の撮影

グリーンバック用の幕はAmazonなどで手軽に購入できるので、セミナーやチュートリアル映像などで人物を合成したい場合はグリーンバックで撮影してみましょう。また、ブルーの幕を使用しても同様に合成可能です。

2 グリーンバックの合成 iPhone版

ビデオを合成する場合は、グリーンバックで撮影したビデオ素材を読み込む際に、オプションから［グリーン／ブルースクリーン］を選択するだけで簡単に合成できます。

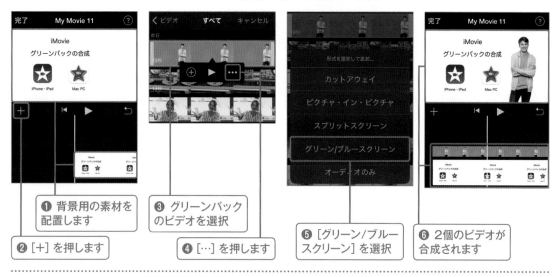

❶ 背景用の素材を配置します

❷ ［+］を押します

❸ グリーンバックのビデオを選択

❹ ［…］を押します

❺ ［グリーン／ブルースクリーン］を選択

❻ 2個のビデオが合成されます

3 グリーンバックの合成 Mac版

Mac版ではグリーンバックで撮影したビデオを上の段に配置し、ビデオオーバーレイ設定の［グリーン／ブルースクリーン］でビデオを合成することができます。

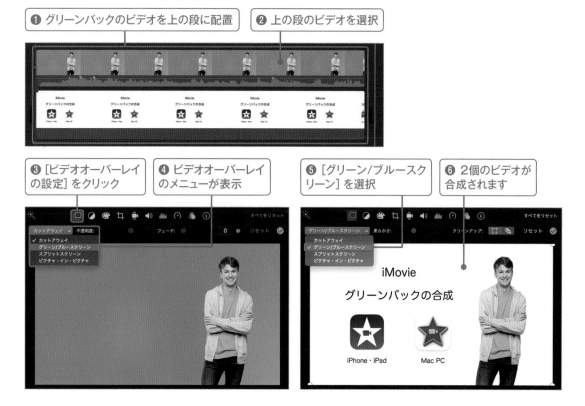

❶ グリーンバックのビデオを上の段に配置

❷ 上の段のビデオを選択

❸ ［ビデオオーバーレイの設定］をクリック

❹ ビデオオーバーレイのメニューが表示

❺ ［グリーン／ブルースクリーン］を選択

❻ 2個のビデオが合成されます

Q&A ⑥ iPhone Mac タイトルに背景を 追加・変更したい

▼ iPhone版の設定

1 タイトルに 背景を追加

タイトルなどのテキストを表示する際、背景を黒以外のカラーに変更したいことがあるかと思います。そんな場合はiMovieで用意されているサンプルの背景素材が利用できます。

ポイント
背景（バックグラウンド）の種類
iPhoneアプリ版とMac版で使用できる背景の種類が異なります。

背景に色を付けたい

· ·

2 背景の 追加

iPhone版では、先に［バックグラウンド］で背景を選択してから、タイトルを追加する流れになります。

❶ ［+］を押します

❷ ［バックグラウンド］ を選択

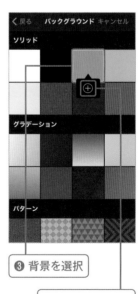

❸ 背景を選択

❹ ［+］を押します

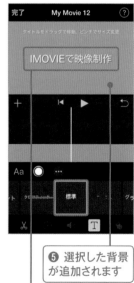

❺ 選択した背景 が追加されます

❻ タイトルを選択して テキストを入力します

③ 背景カラーの変更

[バックグラウンド]に設定したいカラーがない場合は、後からカラーを変更することができます。

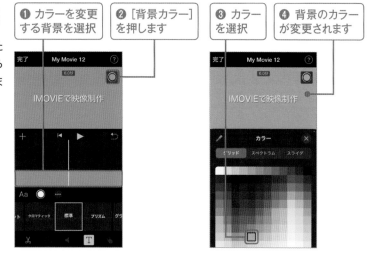

① カラーを変更する背景を選択

② [背景カラー]を押します

③ カラーを選択

④ 背景のカラーが変更されます

▼ Mac版の設定

① 背景の追加とカラー設定

Mac版では、[背景]から使用する背景用の素材を選択して、タイトルの下の段にドラッグ＆ドロップします。[色補正]の機能で元の背景のカラーを変更することができます。

① [背景]をクリック

② [シルクオレンジ]を選択

③ タイトル

④ タイトルの下の段にドラッグ＆ドロップ

⑤ 背景が追加されます

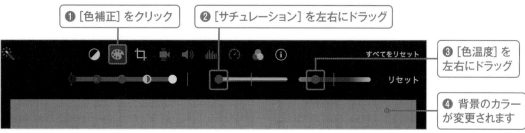

① [色補正]をクリック

② [サチュレーション]を左右にドラッグ

③ [色温度]を左右にドラッグ

④ 背景のカラーが変更されます

Mac

Q&A ⑦ フォントを追加したい

▼ フォントの検索

1 フォントのダウンロード

フォントの種類を追加したい場合は、「無料」「フォント」「商用可」などのキーワードで検索すると、無料で商用利用が可能なフォントを紹介しているウェブサイトの検索結果に出てきます。このようなサイトから気に入ったフォントをダウンロードするとよいでしょう。

フリーフォントの紹介サイト
https://photoshopvip.net/99366

フォント：りいてがき筆
http://aoirii.babyblue.jp/font/riitf/index.html

ポイント

商用利用が可能か確認しよう

フォントを商用利用する場合は、サイト内で商用利用が可能フォントか確認してから使用するようにしましょう。

▼ Macにインストールする

1 フォントのインストール

ダウンロードしたファイル内に[.otf]、[.ttf] などの形式のファイルがあるので、これをダブルクリックで開き、フォントをインストールします。

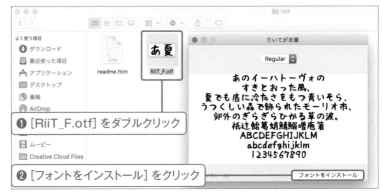

❶ [RiiT_F.otf] をダブルクリック

❷ [フォントをインストール] をクリック

2 フォントの インストール完了

フォントのインストールが完了
すると、追加したフォントの一
覧にインストールしたフォント
が表示されます。

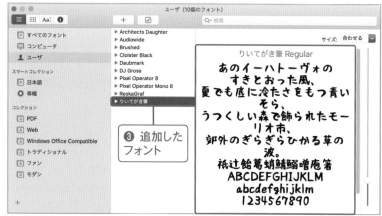

③ 追加した フォント

3 フォントの使用

iMovieの編集画面から変更し
たいテキストを選択して、フォ
ント一覧の下部にある［フォン
トパネルを表示…］をクリック
します。

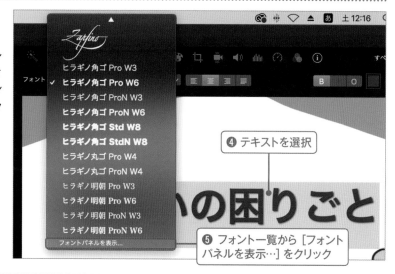

④ テキストを選択

⑤ フォント一覧から［フォント
パネルを表示…］をクリック

4 フォントの 適用

フォントパネルが表示されるので、インストールしたフォントを選択すると、そのフォ
ントが適用されます。

⑥ インストールしたフォントを選択

⑦ インストールしたフォント
が適用されます

Q&A ⑧

iPhone　Mac

オリジナルの音楽を
追加したい

▼ 音楽の追加方法　iPhone版

1 iCloudで共有

自分が演奏した曲や作成した音楽を映像で使用したいことがあるかと思います。その場合はiCloudに音楽ファイルをアップロードすることで、iMovieで共有して使用することができます。

> 歌や演奏した音源

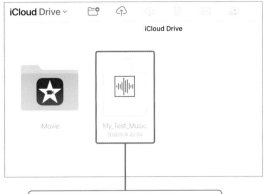

> iCloudに音楽ファイルをアップロード

2 音楽ファイルの選択

iCloudにアップロードした音楽ファイルは、素材の追加から［ファイル］を選択すると共有でき、iMovieの編集で使用できるようになります。

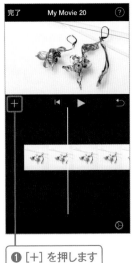

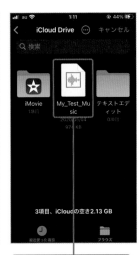

❶ ［+］を押します

❷ 下部の［ファイル］を選択

❸ ［iCloud Drive］を選択

❹ 音楽ファイルを選択

音楽ファイルの追加

音楽ファイルが編集しているiMovieのプロジェクトに読み込まれ、映像で再生できるようになります。

ポイント

音楽の著作権に注意

著作権フリーではない音楽を使用して、映像をアップロードすると、警告や映像が削除される場合があります。使用する目的に合わせて音楽の著作権を確認しましょう。

▼ 音楽の追加方法 Mac版

1 音楽の追加

Macの場合は、ファイルの読み込みから音楽ファイルを選択して読み込むと、iMovie内で使用できるようになります。

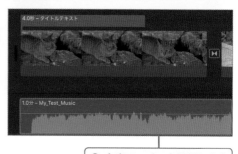

Q&A ⑨ | Mac | iPhoneで作成したプロジェクトをMacで編集したい

▼ プロジェクトをiPhoneからMacに転送

1 プロジェクトの転送

途中までiPhoneのiMovieで編集していた映像を、Macで引き続き編集したい場合があるかと思います。そんな時はiPhoneのプロジェクトをMacに転送して編集することができます。

❶ iPhoneで転送するプロジェクトを選択

今日のにゃんこ
40秒・2021年6月14日

❷ [送る] アイコンを押す

今日のにゃんこ
ビデオ オプション >

AirDrop　LINE　Instagram　Mess

コピー

ビデオを保存

❸ [オプション] を押す

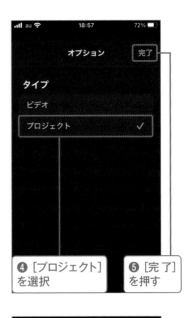

オプション　完了

タイプ

ビデオ

プロジェクト　✓

❹ [プロジェクト] を選択

❺ [完了] を押す

ポイント

Macに転送

Macへの転送方法は、AirDropのほかにiCloudに保存して共有することもできます。また、AirDropで転送する場合は、iPhoneとMacのWi-Fiをオンにしておきましょう。

今日のにゃんこ
iMovie: プロジェク… オプション >

AirDrop　LINE　Messenger　G

❻ [AirDrop] を押す

AirDrop　完了

デバイス

藤川佑介のiMac

❼ 転送するPCを選択します

2 転送された プロジェクト

Macに転送されたプロジェクトは、Macのダウンロードフォルダに入っています。プロジェクトファイルは［.iMovie Mobile］という形式になっています。

❽ 転送された プロジェクト

. . . .

3 プロジェクトを Macに読み込む

プロジェクトが転送できたら、Mac版のiMovieを起動してメニューからプロジェクトファイルを読み込みます。

❾［ファイル］→［iMovie iOSプロジェクトを読み込む］をクリック

❿ 転送したプロジェクトを選択

⓫［読み込む］をクリック

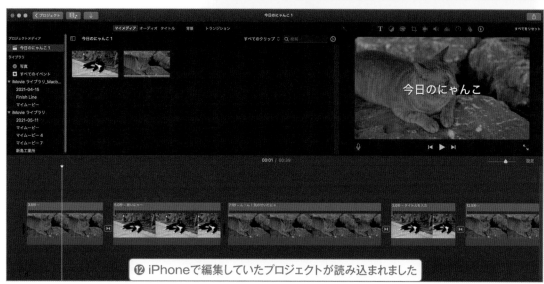

⓬ iPhoneで編集していたプロジェクトが読み込まれました

Q&A ⑩

iPhone　Mac

作成した映像を元に
別の映像を作成したい

▼ プロジェクトをコピーして編集　iPhone版

1 プロジェクトをコピー

作成した映像のビデオや写真を差し替えて、似たような内容の映像を作成したいことがあるかと思います。そんな時は元のプロジェクトをコピーして編集すると効率的に制作できます。元のプロジェクトのデータも保管できるので安心して作業できます。

❶ コピーするプロジェクトを選択

❸ [オプション] を押します

❹ [プロジェクト] に設定

❺ ["ファイル" に保存] を選択

❷ [送る] アイコンを押します

❻ コピーするプロジェクト名を設定（元ファイルと違う名前にしましょう）

❼ [iMovie] を保存先に選択

❽ [保存] を押します

2 コピーしたプロジェクトを読み込む

コピーしたプロジェクトはiMovieに読み込むことで編集作業ができるようになります。

❾ iMovieのプロジェクト選択画面

❿ […] を押して [プロジェクトを読み込む] を選択

⓫ [このiPhone内] を選択

⓬ [iMovie] を選択

⓭ コピーしたファイルを選択

③ 読み込みの完了

コピーしたプロジェクトが開き、映像が編集できるようになります。プロジェクト一覧に戻るとコピーしたプロジェクトも表示されます。

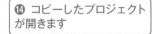

⑭ コピーしたプロジェクトが開きます

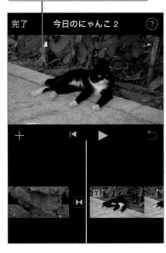

⑮ プロジェクト一覧にコピーしたプロジェクトが表示されます

▼ プロジェクトをコピーして編集　Mac版

① プロジェクトをコピー

Mac版ではプロジェクトの一覧から簡単にコピーすることができます。

ポイント

映像の修正前にコピー

映像を大きく修正する際も、後で前の状態に戻したくなる場合があるので、事前にコピーしておくと安全です。

❶ コピーするプロジェクトの [⋯] クリック

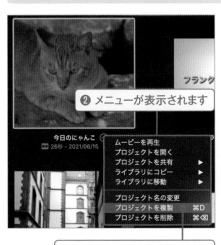

❷ メニューが表示されます

ムービーを再生	
プロジェクトを開く	
プロジェクトを共有	▶
ライブラリにコピー	▶
ライブラリに移動	▶
プロジェクト名の変更	
プロジェクトを複製	⌘D
プロジェクトを削除	⌘⌫

❸ [プロジェクトを複製] を選択

❹ プロジェクトがコピーされます

Mac
[予告編]のテンプレートの内容を変更したい
Q&A ⑪

▼ 予告編をムービーに変換して編集

1 [予告編]のプロジェクト

[予告編]のテンプレートを使用していて、冒頭と最後のクレジットを削除したい、背景やトランジションを変更したいと思うことがあるでしょう。そんな場合は[予告編]をムービーのプロジェクトに変換することで自由に編集することができます。

[予告編]では自由に編集できない

2 [予告編]をムービーに変換

[予告編]のプロジェクト開いた状態で、[ファイル]→[予告編をムービーに変換]を選択すると、ムービー用のプロジェクトに変換されます。

❶[ファイル]メニューから[予告編をムービーに変換]を選択

❷ プロジェクトが変換されます

3 変換された プロジェクト

ムービー用のプロジェクトに変換すると、下部の表示が絵コンテからタイムラインに変わります。背景の変更やトランジションの設定、クレジット部分を削除することができるようになります。

❸ 元の背景

❹ 背景を別のビデオに変更

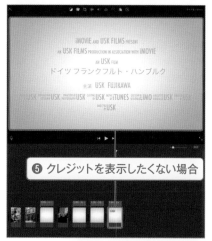

❺ クレジットを表示したくない場合

❻ クレジットの部分を削除できます

❼ トランジションを設定

Q&A ⑫ Mac
YouTuber風のタイトルを作成したい

▼ YouTuber風のタイトルの作成

1 YouTuber風のタイトル

YouTuberなどの映像でよく見かける縁取りされたタイトルですが、Mac版のiMovieの縁取り機能では基本的に黒のみしか縁取りできません。しかし、Q&A⑪（P216を参照）で紹介した［予告編］のテンプレートを変換することによって、白く縁どりされたタイトルを使用することができます。

通常のタイトルをアウトライン化

縁取りが黒くなります

［予告編］から変換したタイトル

縁取りが白くなる

2 白い縁取りのタイトルを作成

［予告編］から［旅行］のテンプレートを作成し、［予告編をムービーに変換］します。すると、白く縁どりされたタイトルが作成されます。このタイトルは control ＋ C キーでコピーし、control ＋ V キーで貼り付けることが可能です。

❶［予告編］旅行を選択

❷ タイトルが白く縁取られた

Q&A ⑬

Mac

タイトルのフォントサイズが変更できない

▼ タイトルのフォントサイズが変更できない

1 フォントサイズの自動設定

タイトルのテキストを入力している時に、サイズが変更できず、急にサイズが小さくなる場合があります。一部のタイトルの種類ではフォントサイズが自動設定になっており、入力した文字数によって自動でサイズが変更されます。

❶ タイトル種類：レンズフレア

❷ フォントサイズが変更できない

❸ テキストの文字数によってサイズが変更されます

ポイント テキストが小さくなった場合

入力中にテキストが小さくなった場合は、フォントを別の種類に変更すると、元のサイズで表示されるようになります。

❷ ほかのフォントを選択

❶ テキストが小さくなる

❸ 元のサイズで表示されます

Q&A ⑭ iPhone Mac トランジションが変化する時間を設定したい

▼ トランジションの時間

1 トランジションの時間設定 iPhone版

トランジションでビデオや写真が切り替わる時間を調整したい場合は、トランジションの設定で継続時間を変更することができます。

❶ 継続時間を変更するトランジションを選択

❸ [1.0秒] を選択

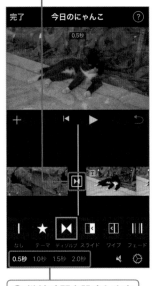

❹ 1.0秒でビデオがトランジションするようになります

❷ 継続時間を設定します

2 トランジションの時間設定 Mac版

Mac版ではトランジション部分をダブルクリックすると、継続時間設定の画面が表示されます。[すべてに適用]を選択すると、一括ですべてのトランジションの継続時間を変更することができます。

❶ 継続時間を変更するトランジションをダブルクリック

❷ 継続時間を設定します

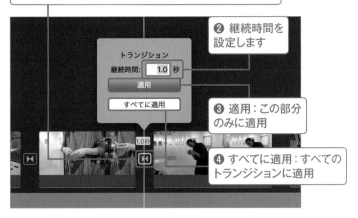

トランジション
継続時間： 1.0 秒
適用
すべてに適用

❸ 適用：この部分のみに適用

❹ すべてに適用：すべてのトランジションに適用

✍ ポイント
トランジションの継続時間
トランジションの継続時間は基本的に0.5秒か1.0秒に設定しておくと自然に見えます。

Q&A ⑮ iPhone Mac BGMと効果音の両方を映像に入れたい

▼ BGMと効果音の両方を追加

1 効果音の追加 iPhone版

iMovieではBGMを入れている状態でも、さらに映像の動きや、切り替えに合わせて効果音などの別のオーディオも追加することができます。

❶ BGMを配置します

❷ [+] を押し [オーディオ] を選択

❸ [サウンドエフェクト]を選択

❹ [▶] でサウンドエフェクトを再生できます

❻ BGMの上にサウンドエフェクトが追加されます

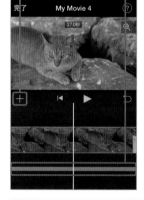

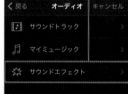

❺ [使用] を押して追加します

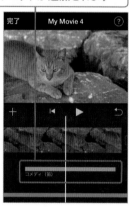

2 効果音の追加 Mac版

Mac版では映像の下の段に効果音のなどのオーディオをドラッグ&ドロップします。カテゴリーで [効果音] を選ぶと、効果音が見つけやすくなります。

❷ [オーディオ] をクリック

❶ BGMを音符の段に配置

❸ [サウンドエフェクト] を選択

❹ カテゴリーを選択

❻ 効果音を映像の下の段にドラッグ&ドロップします

❺ [▶] でサウンドエフェクトを再生できます

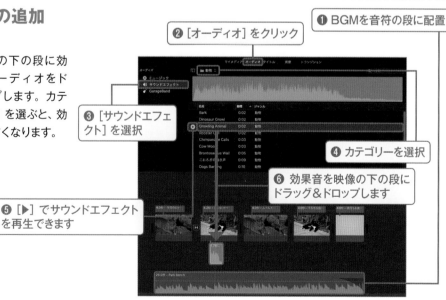

iPhone Mac 写真を縦・横に スライドさせたい

Q&A ⑯

▼ スライド方向の設定　iPhone版

1 Ken Burnsと スライド

写真などの画像素材をiMovie に取り込んだ際に、左右にスライドさせたいのに、上下にスライドしてしまう場合があります。 Ken Burnsの機能でスライド の向きを設定することによって、任意の向きに画像素材をスライドさせることができます。

| 画像素材が下から上へスライドしてしまいます |

2 Ken Burnsの 設定

Ken Burnsをオンにした状態で、開始位置のサイズと終了位置のサイズを設定することによって、設定した向きへ画像がスライドするようになります。

❶ ◀ を選択

❸ ▶ を選択

❷ 画像の左側が表示される ようにピンチして調整

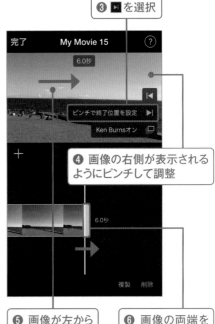

❹ 画像の右側が表示される ようにピンチして調整

❺ 画像が左から 右へスライドす るようになります

❻ 画像の両端を ドラッグして速度 を調整

ポイント

スライドの速度

スライドする速度を調整したい場合は、タイムラインの画像の両端を左右へドラッグします。時間が短いと早く、時間が長いとゆっくりとスライドします。

▼ スライド方向の設定　Mac版

1 Ken Burnsと スライド

Mac版では、Ken Burnsの開始の範囲から終了の範囲に矢印の向きへ画像がスライドします。

❶ [開始] を選択

❷ 開始の隅をドラッグして範囲を調整

2 Ken Burns の設定

Ken Burnsの設定で、開始の範囲と終了の範囲を設定することで、矢印の向きが変わりスライドする方向を変えることができます。

❸ 開始の範囲を設定

❹ [終了] を選択

❺ 終了の隅をドラッグして範囲を調整

❻ ✓を選択

❼ 開始から終了の範囲に矢印の向きへスライドします

223

iPhone | **Mac**

Q&A
⑰

ロゴ画像を映像に重ねて表示したい

▼ ロゴ画像の表示　iPhone版

1 ロゴ画像の読み込み

iMovieでは背景が透明なロゴ画像（png、psd形式など）をピクチャ・イン・ピクチャで読み込むと、ビデオや画像の上に重ねて配置することができます。イラストレーターで作成したai形式のデータは使用できないので注意しましょう。

❶ ロゴを載せる素材を配置

❷ [＋] を押します

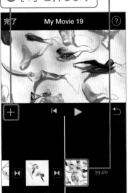

❸ ロゴ画像を選択

❹ […] を押します

❺ [ピクチャ・イン・ピクチャ] を選択

❻ ロゴ画像が重なって表示されます

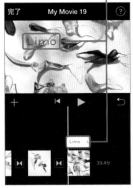

2 ロゴ画像のサイズと位置の調整

ピクチャ・イン・ピクチャの設定で、ロゴ画像のサイズはピンチ、位置はドラッグして調整することができます。

❶ ロゴ画像を選択

❷ [矢印] を押します

❸ ピンチでサイズ、ドラッグで位置を調整できます

❹ ロゴ画像のサイズと位置を調整

❺ ロゴ画像が中央に表示されます

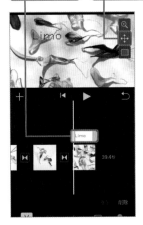

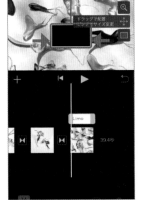

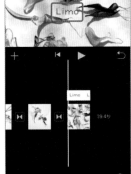

▼ ロゴ画像の表示　Mac版

1　ロゴ画像の読み込み

Mac版ではロゴ画像を読み込み、重ねて表示する素材の上の段にドラッグ＆ドロップします。また、[Ken Burns] の設定も解除しておきます。

❶ ロゴ画像を上の段に配置

❷ ロゴ画像をダブルクリック

❸ [クロップ] をクリック

❹ [サイズを調整してクロップ] をクリック

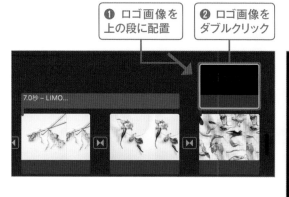

2　ロゴ画像のサイズと位置の調整

ビデオオーバーレイ設定で [ピクチャ・イン・ピクチャ] を選択すると、ロゴ画像を重ねてサイズや位置を調整することができます。

❶ [ビデオオーバーレイ設定] をクリック

❷ [ピクチャ・イン・ピクチャ] を選択

❸ ロゴ画像が隅に表示されます

❹ ドラッグして位置を調整

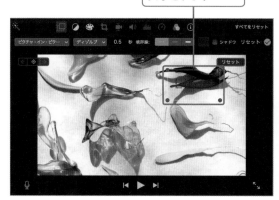

❺ ロゴの隅をドラッグしてサイズを調整

Q&A ⑱ `iPhone` `Mac` 編集した映像に ナレーションを入れたい

▼ 映像にナレーションを追加　iPhone版

1 アフレコ機能

映像を作成した後に、映像の内容に合わせてナレーションを入れたい場合は、アフレコ機能で映像を見ながら音声を録音することができます。

❶ ナレーションを追加する映像を開く

❷ [+] を押します

❸ [アフレコ] を選択

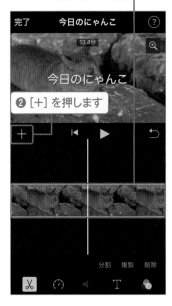

2 ナレーションの録音

準備ができたら、[録音] を押すと映像を見ながら音声を録音することができます。ナレーションが終わったら、[停止] で録音を終了します。

❶ オフレコ機能が起動します

❷ [録音] で録音を開始します

❸ 音声が録音されます

❹ [停止] で録音を終了します

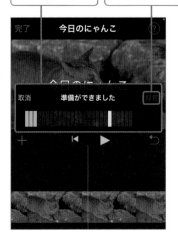

3 録音したデータの設定

録音を停止したら、その音声をどうするか選択します。音声を［確認］して問題がなければ［決定］を押して音声を取り込みましょう。

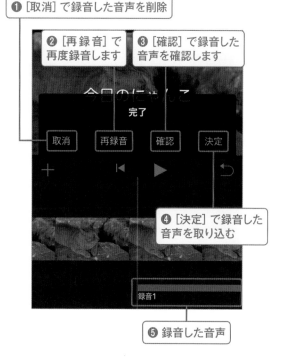

❶［取消］で録音した音声を削除

❷［再録音］で再度録音します

❸［確認］で録音した音声を確認します

完了

取消　再録音　確認　決定

❹［決定］で録音した音声を取り込む

❺ 録音した音声

録音1

▼ 映像にナレーションを追加　Mac版

1 ナレーションの録音　Mac版

Mac版ではマイクを押すとアフレコモードになります。録音ボタンで録音を開始することができます。

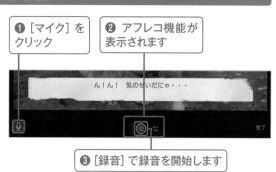

❶［マイク］をクリック

❷ アフレコ機能が表示されます

ん！ん！　気のせいだにゃ・・・

完了

❸［録音］で録音を開始します

すべてをリセット

ん！ん！　気のせいだにゃ・・・

完了

❹［停止］で録音を終了します

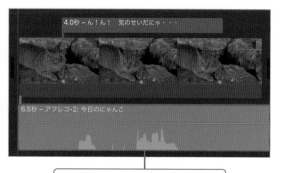

4.0秒－ん！ん！　気のせいだにゃ・・・

6.5秒－アフレコ-2：今日のにゃんこ

❺ 録音した音声が取り込まれます

Q&A ⑲ | iPhone Mac　映像の一部分を 撮り直したビデオに修正したい

▼ ビデオの分割と差し替え　iPhone版

1　ビデオの 分割と削除

インタビューやセミナー映像の内容に一部誤りがあり、その部分を差し替えたいことがあるかと思います。その場合は元のビデオの修正したい部分を分割して削除し、撮り直したビデオに差し替えましょう。

❶ 撮影で失敗した部分
❷ アクションを選択
❸ 修正する部分の始まりに移動
❹ [分割] を押します

❺ 修正する部分の終わりに移動
❻ [分割] を押します

❼ 修正する部分が分割できました
❽ [削除] で修正する部分を削除

2　ビデオの 置き換え

修正する部分を削除したら、撮り直したビデオを読み込んで長さを調整します。差し替えたビデオの前後にトランジションで [ディゾルブ] を適用すると、修正した部分が目立たなくなります。

❶ [+] を押して、撮り直したビデオを選択

❷ 撮り直したビデオを読み込みます
❸ 左右をドラッグして長さを調整

❹ ビデオの前後に [ディゾルブ] を適用します

▶ ビデオの分割と差し替え　Mac版

① ビデオの分割と削除

Macの場合は、ビデオの修正したい部分を選択し、[クリップを分割]でビデオを分割します。

❶ 撮影で失敗した部分

❷ 修正する部分の始まりで右クリック　**❸ [クリップを分割]を選択**

❹ 修正する部分の終わりで右クリック

❺ [クリップを分割]を選択

② ビデオの置き換え

修正する部分を分割したら、撮り直したビデオに置き換え、ビデオの長さを調整します。置き換えたビデオの前後にトランジションで[クロスディゾルブ]を適用すると、修正した部分が目立たなくなります。

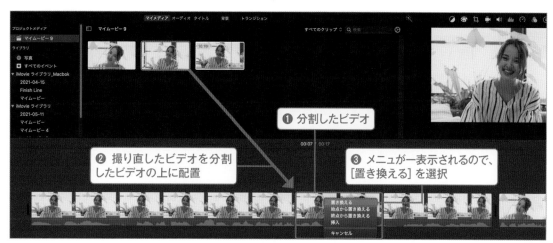

❶ 分割したビデオ

❷ 撮り直したビデオを分割したビデオの上に配置　**❸ メニューが一表示されるので、[置き換える]を選択**

❹ ビデオが置き換えられます　**❺ ビデオの長さを調整します**

❻ ビデオの前後に[クロスディゾルブ]を適用します

Q&A ⑳

Mac

環境音などの 雑音を軽減したい

▼ 背景ノイズを軽減

1 背景ノイズを 軽減する設定

インタビューやセミナーなどを
撮影した後に録画したビデオを
確認して、空調や風などの雑音
が気になる場合は、ノイズリダ
クション機能を使用して雑音を
軽減することができます。

❶ 空調の雑音が入っているビデオを選択

❷ [ノイズリダクションおよびイコライザ] をクリック

❸ [背景ノイズを軽減] をチェック　❹ ノイズリダクションの量を調整

ポイント

軽減できない雑音

鳥や蟬の鳴き声などは、ノイ
ズリダクション機能を使用し
ても軽減することができない
ので、できるだけ静かな場所
で撮影するようにしましょう。

❺ 背景ノイズ (雑音) が軽減されます

Q&A ㉑ [Mac] 照明の影響で変化したビデオのカラーを補正したい

▼ カラーバランスで補正

1 カラーバランスの設定

撮影した後にビデオを確認して、照明の影響でビデオが暖色・寒色になっている場合は、カラーバランス機能を使用して元のカラーに補正することができます。

❶ 寒色になっているビデオを選択

❷ [カラーバランス] をクリック

❸ [自動]：自動でカラーを補正します

❹ [ホワイトバランス]：本来白であるべき部分を選択して補正します

ポイント

ビデオとオーディオを自動補正

左上の [自動補正] 機能をクリックすると、自動でカラーと音声の補正を行うことができます。自動補正で綺麗に補正できない場合は、[ホワイトバランス] で補正してみましょう。

スポイトを使ってビデオフレーム上でカラーを選択します。

❺ カラーが補正されたビデオ

❻ [自動補正]：ビデオとオーディオを自動で補正します

ビデオ撮影のポイントを知ろう

映像を作成するためには、素材となるビデオや写真を撮影する必要があります。ここでは撮影する前に把握しておきたいポイントについて解説します。

▼ iPhoneでの撮影：ビデオの向き

iPhoneでビデオを撮影する際、縦・横どちらの向きで撮影すればよいのでしょうか。iMovieは基本的に横向きの映像を編集するようになっていますので、撮影する際は横向きでビデオや写真を撮影しておくとよいでしょう。

iPhoneの向き

▼ 縦向きで撮影した素材

ビデオや写真を縦向きで撮影してしまった場合、編集の際にiMovieで素材の一部を拡大して表示することで使用できます（P33を参照）。

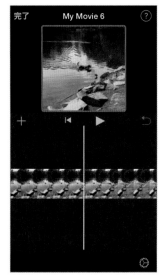
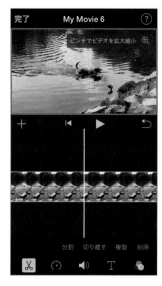

縦で撮影したビデオ

ピンチイン・ピンチアウトでビデオのサイズを拡大・縮小することができます。

iPhoneの撮影設定

iPhoneでビデオを撮影する際、様々なビデオの設定があります。どのような設定があるかを学習してビデオを撮影しましょう。

▼ ビデオのサイズ

ビデオを撮影する際に、サイズを設定することができます。基本的にはHD・30か4K・30で撮影しておくとよいでしょう。4Kで撮影しておくと、より高画質で編集時にアップのシーンに拡大できる利点がありますが、データのサイズが大きくなります。

❶ HD：1920×1080 px
❷ 30：一秒間に30フレーム

❸ 4K：3840×2160 px
❹ 30：一秒間に30フレーム

▼ カメラの切り替え

最新のiPhoneでは複数のレンズがあり、撮影時にレンズを切り替えることが可能です。レンズを切り替えることで同じ距離でも超広角・広角・望遠のビデオを撮影することができます。

機種	超広角 0.5x	広角 1x	望遠
13 Pro/ 13 Pro Max	○	○	○ (3.0x)
13 / 13 mini	○	○	―
12 Pro/ 12 Pro Max	○	○	○ (2.0x)
12 / 12 mini	○	○	―

iPhoneとレンズ機能

カメラ超広角：0.5x設定

カメラ広角：1x設定

撮影の主役と構図について

ビデオや写真を撮影する際に、主役や構図を意識しておくと、撮影する映像の印象が変わってきます。主役や構図について学びましょう。

▼ 主役を考える

作成する映像の企画や構成から、撮影するシーンの主役が何かを考えて、主役にフォーカスして余計な物は入れないようにすると、被写体がより引き立つようになってきます。

何が主役なのか分かりにくい

インタビューしている女性を主役にする

▼ 構図を意識する

ビデオや写真を撮影する際に構図を意識して撮影すると、全体のバランスがよくなってビデオや写真が美しく見えるようになり、印象が大きく変わります。

構図を意識してない写真

構図：三分割で空や海をバランスよく撮影

ポイント

これから撮影する場合

これから撮影を行う場合は、映像の企画・構成からシーンの主役を考えて、構図を意識して撮影すると、映像で使用する素材の質が良くなるでしょう。

▼ 被写体を目立たせる構図

日の丸

額縁

三分割

▼ 風景などを綺麗に見せる構図

二分割

三分割

▼ 奥行き・躍動感を出す構図

対角線

放射線

撮影のコツを知ろう

ビデオを撮影する際に、iPhoneやカメラの動かし方や機材についても理解しておくと、手ブレの少ないビデオが撮影でき、映像の仕上がりがよくなります。

▼ カメラワーク

被写体が動いたり、パノラマ感のある風景を撮影したりする場合は、できるだけ手ブレしないようにiPhoneをゆっくりと上下・左右に動かして撮影するようにしましょう。

風景の撮影

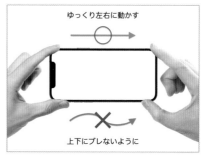
iPhoneの動かし方

ポイント

手ブレの補正

Mac版のiMovieでは手ブレしたビデオを補正する機能がついており、ちょっとした手ブレなら後から補正することも可能です（P64を参照）。

▼ 撮影機材

インタビューやセミナーなど被写体が動かないシーンでは、三脚でアングルを固定して撮影するとよいでしょう。また、ジンバルと呼ばれる機材をiPhoneに接続すると、初心者でも手ブレのないビデオが簡単に撮影できるようになります。

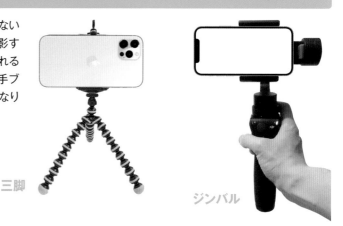
三脚

ジンバル

撮影データを共有しよう

iPhoneで撮影したビデオをMacやiPadのiMovieで編集するには、ビデオのデータを共有する必要があります。どのような共有方法があるか覚えておきましょう。

▼ iCloudで共有

iPhoneで撮影したビデオや写真のファイルをiCloud（クラウド上）に保存することができます。Mac、iPadなどのほかのデバイスで編集を行う場合は、iCloudで共有しておくと共有したファイルを編集に使用することができます。

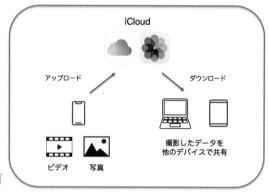

▼ iCloudの共有設定

iPhoneで[設定]→[写真]を選択し、[iCloud写真]をオンにします。こうしておくと自動的に撮影したデータがアップロードされ、iCloud 内の写真にデータが共有されるようになります。ビデオはデータサイズが大きいためiCloudの容量に注意しましょう。

❶[写真]を選択　❷[iCloud写真]をオン

▼ AirDropで共有

写真アプリで撮影した素材を選択して、AirDropでビデオや写真をMacに転送することも可能です。AirDropで転送したデータはMacのダウンロードフォルダに保存されます。

❶ 素材を開き⬆を押す
❷[AirDrop]を押して送信先を選択

INDEX
索引

●著者

藤川 佑介（USK）

モバイル向けのFlash Playerの開発プロジェクト参加をきっかけに、映像制作などの活動を始める。現在はニューヨークやヨーロッパなど海外を中心に、メディアアート、映画・CMなどの映像制作、ギャラリーなどの空間デザイン・設計を手がけている。また、書籍の執筆やセミナーなどの活動も行い人材の育成にも取り組んでいる。

http://vjusk.com/

●協力
・Casio Music Tapestry（https://www.instagram.com/casio_music_tapestry/）
・新島工業所（https://www.instagram.com/niijima_kogyosho/）
・AW（https://www.aw-salon.com）
・Limo（LimoPiece）：アーティスト（https://limopiece.com）
・中島洋介（smooth inc.）：モデル撮影（https://smooth-inc.jp）
・藤田由香：スティルライフ撮影（https://fujitayuka6.wixsite.com/portfolios）
・河内愛稀：モデル（https://www.instagram.com/aiki_pp）
・iGi（https://igi.dev）
・tagboat（http://www.tagboat.com）
・徳光健治（https://www.eastpress.co.jp/goods/detail/9784781620138）
・Comodo kitchen（https://www.instagram.com/comodo.kitchen/）
・徳永博子（https://www.hirokotokunaga.com）
・Ayano Haraguchi（https://www.ayanoharaguchi.com）
・Aco

iMovie 入門 短時間でできるサクサク動画編集 for iPhone & iPad & Mac

	2021年12月16日　初版第1刷発行
●著者	藤川 佑介
●発行者	滝口 直樹
●発行所	株式会社マイナビ出版
	〒101-0003　東京都千代田区一ツ橋2-6-3 一ツ橋ビル2階
	TEL：0480-38-6872（注文専用ダイヤル）　TEL：03-3556-2731（販売）
	TEL：03-3556-2736（編集部）
	URL：http://book.mynavi.jp

●装丁・本文デザイン	納谷 祐史
●DTP	富 宗治
●担当編集	松本 佳代子
●印刷・製本	図書印刷株式会社